新版

科学的《かがくてき》とはどういうことか

いたずら博士の科学教室

板倉聖宣

はじめに

「科学的《かがくてき》に考《かんが》えるとはどういうことか」、こう人《ひと》びとに尋《たず》ねたら、じつにいろいろな答《こた》えがかえってくることと思《おも》います。

ある人《ひと》たちは、「それは、ものごとを合理的《ごうりてき》に考《かんが》えること、つまり理屈《りくつ》に合《あ》わないことは信《しん》じないことだ」ということでしょう。また、ある人《ひと》びとは、「それは、事実《じじつ》にもとづいて考《かんが》えることだ。経験《けいけん》を重《おも》んじ、経験的《けいけんてき》に考《かんが》えることといってもよい」というでしょう。「理屈《りくつ》に合《あ》わないように思《おも》えることでも、それが事実《じじつ》なら受《う》けいれることだ」と付《つ》け加《くわ》えるかもしれません。そうすると、またある人《ひと》びとはこういうでしょう。「科学的《かがくてき》に考《かんが》えるというのは、懐疑的《かいぎてき》に考《かんが》えることだ。なんでも疑《うたが》いをもって、そう簡単《かんたん》に受《う》けいれない考《かんが》え方《かた》だ」。

そうかと思《おも》うと、「科学的《かがくてき》に考《かんが》えるというのは、法則的《ほうそくてき》・数学的《すうがくてき》に考《かんが》えることだといってもいいのじゃないかな」という考《かんが》えをもちだす人《ひと》もいます。すると、「いや、実験的《じっけんてき》に考《かんが》える、つまり、受《う》け身《み》でなく、いつも積極的《せっきょくてき》に〈対象《たいしょう》はどうなっているか〉と想像《そうぞう》をたくましくして、予想《よそう》をたて仮説《かせつ》（仮《かり》の説《せつ》）をたててそれが正《ただ》しいかどうかたしかめてみる。そういう考《かんが》え方《かた》というか生《い》き方《かた》が、科学的《かがくてき》というんじゃないのかな」といった考《かんが》えもでてくることでしょう。

こういう議論《ぎろん》をはじめると、私《わたし》にもいろいろ言《い》いたいことがあります。しかし、そういうことを言葉《ことば》の上《うえ》だけで議論《ぎろん》することは、私《わたし》にはとても空《むな》しく思《おも》えて仕方《しかた》がありません。私《わたし》だってそういう話《はなし》をしたことは少《すく》なくないのですが、「自分《じぶん》のいいたいことが伝《つた》わらない」「言葉《ことば》が空虚《くうきょ》にひびいて仕方《しかた》がない」と思《おも》えたことがあまりにも多《おお》いからです。それはきっと、「科学的《かがくてき》に考《かんが》えたい」「科学的《かがくてき》に考《かんが》えられるようになりたい」という人《ひと》はたくさんいても、科学《かがく》のさまざまな側面《そくめん》を実感的《じっかんてき》に体験《たいけん》した人《ひと》がとても少《すく》ないからではないか……私《わたし》にはそう考《かんが》えられるのです。

そこで私《わたし》は、読者《どくしゃ》の方々《かたがた》が手軽《てがる》に実験《じっけん》してたしかめることのできるような素材《そざい》を用意《ようい》して、「科学的《かがくてき》に考《かんが》えるとはどういうことか」体験的《たいけんてき》に実感《じっかん》をもってとらえることができるように工夫《くふう》したらどうだろう、と考《かんが》えました。その結果《けっか》、この本《ほん》をまとめるようになったのです。そうはいっても、この本《ほん》のもとになった文章《ぶんしょう》は、朝日新聞社《あさひしんぶんしゃ》の教育雑誌《きょういくざっし》『のびのび』に「いたずら博士《はかせ》の科学教室《かがくきょうしつ》」「いたずら博士《はかせ》の談話室《だんわしつ》」と題《だい》して2年《ねん》あまりの間《あいだ》にわたって連載《れんさい》されたものです。さいわい雑誌連載当時《ざっしれんさいとうじ》は、ふだん科学《かがく》に関《かん》するものを読《よ》みなれないたくさんの人《ひと》びとが愛読《あいどく》してくださいました。それらの読者《どくしゃ》の声援《せいえん》にも勇気《ゆうき》づけられて、私自身《わたしじしん》としては、この試《こころ》みはかなりの程度成功《ていどせいこう》していると自負《じふ》しているのですが、どうでしょうか。

ところで、この本《ほん》は2部《ぶ》にわかれています。第《だい》1部《ぶ》の「予想《よそう》をたのしみ、やってみる話《はなし》」にとりあげた話題《わだい》は、原則《げんそく》として、「こんなこと（実験《じっけん》）をやってみたらどうなるだろう」と、読者《どくしゃ》の方々《かたがた》がいろいろ想像《そうぞう》をたのしみながら実験《じっけん》できるようにできています。これらの話《はなし》は自分《じぶん》で実験《じっけん》をしなくても十分《じゅうぶん》わかるように書《か》き進《すす》められてはいますが、やはり自分自身《じぶんじしん》で実験《じっけん》してみれば、やらなかったときよりはるかに大《おお》きな驚《おどろ》きや喜《よろこ》びを感《かん》ずることができるでしょう。もっとも、実験《じっけん》というものは、簡単《かんたん》な道具《どうぐ》だけでできるものでも、やはりじっさいにやるのはおっくうなものです。そこで、家族《かぞく》や友《とも》だち、知人《ちじん》などに、この本《ほん》にでてくる問題《もんだい》を、なぞなぞのようにしてでも、だしてみることをおすすめします。そうすると、話《はなし》がはずんで、自然《しぜん》に実験《じっけん》するようにさそいこまれるようになることが多《おお》いと思《おも》うからです。それがうまくいったら、「科学的《かがくてき》に考《かんが》えるには、たのしい話《はな》し合《あ》いが大切《たいせつ》だ」ということも、体験《たいけん》できるようになるかもしれません。

　この本《ほん》の第《だい》2部《ぶ》「うそとほんと、ほんとうその話《はなし》」は、数年前《すうねんまえ》に大《おお》きな話題《わだい》になった超能力《ちょうのうりょく》と科学《かがく》に関《かん》する話《はなし》に焦点《しょうてん》をあわせて、「科学的《かがくてき》に考《かんが》えるとはどういうことか」を考《かんが》えてみたものです。これは第《だい》1部《ぶ》の応用編《おうようへん》の意味《いみ》もあるといってよいでしょう。いまのところ超能力《ちょうのうりょく》ブームは少《すこ》し下火《したび》になっているようですが、底流《ていりゅう》としてはなかなかあなどれない力《ちから》をもっているようにも思《おも》えます。ご検討《けんとう》のほどおねがいします。

板《いた》倉《くら》聖《きよ》宣《のぶ》

科学的《かがくてき》とはどういうことか ―― いたずら博士《はかせ》の科学教室《かがくきょうしつ》 ―― もくじ

装画 TAKORASU
撮影 泉田 謙
写真提供 西川浩司
榎本昭次

第《だい》1部《ぶ》

予想《よそう》をたのしみ、やってみる話《はなし》

卵《たまご》を立《た》ててみませんか

――「コロンブスの卵《たまご》」のその後《ご》――

「ここに生卵《なまたまご》がいくつかあります。あなたは、この生卵《なまたまご》を、このすべすべしたテーブルの上《うえ》に立《た》てることができますか」

こういうと、たいていの人《ひと》は、「そんなこと、できっこないよ」といいます。

「いや、それが立《た》つんですよ。やってごらんなさいよ」

するとたいていの人《ひと》は、「えーっ、卵《たまご》が立《た》つって！　本当《ほんとう》ですか」とおどろいて、「ちょっとやってみようか」という気《き》にもなります。

しかし、それでもすぐに手《て》をだす人《ひと》はわずかです。

しかも、手《て》をだした人《ひと》もすぐには成功《せいこう》しないので、す

ぐにあきらめてしまいます。そしていいます。「こんなの、できっこないよ」と。

そこで、私《わたし》が立《た》てた卵《たまご》を見《み》せます。すると、

「ほんとだ！　うまく立《た》つんですね」

こういって、たいていの人《ひと》はやっと自分《じぶん》でも本気《ほんき》でやってみようという気《き》になります。しかし、やはりなかなか成功《せいこう》しないので、まもなくやめてしまいます。その間《あいだ》に私《わたし》は、さっき立《た》てた卵《たまご》を手《て》にとって、もう一度《いちど》立《た》ててみせます。

すると、また、たいていの人《ひと》はこういいます。「そうだ、その卵《たまご》にかえてください。きっとその卵《たまご》だから立《た》つんですよ」と。

そこで卵《たまご》を交換《こうかん》してまた実験《じっけん》。こんどはたいていの人《ひと》は卵《たまご》を立《た》てるのに成功《せいこう》します。「わァー、立《た》った、立《た》った」というわけです。そして「やっぱり、この卵《たまご》なら立《た》つんだ」といわんばかりの顔《かお》つきをします。

ところが、その間《あいだ》に私《わたし》の方《ほう》も、ついさっきまでその人《ひと》が立《た》てられなかった卵《たまご》もテーブルの上《うえ》に立《た》ててしまいます。改《あらた》めて、「あれェ、それも立《た》つんですね」というわけで、またまた卵《たまご》を交換《こうかん》して実験《じっけん》。これでやっと、だれでも、特別《とくべつ》な卵《たまご》でなくても、机《つくえ》の上《うえ》に立《た》てられるというこ

とが確認《かくにん》できるようになります。

さあ、やってみませんか

はじめに答《こた》えまで書《か》いてしまいましたが、さあ、あなたもやってみませんか。卵《たまご》を立《た》ててみたってどうということもないでしょうが、ものは試《ため》しです。それに、立《た》っている卵《たまご》をみると、なかなか美的《びてき》なものですよ。「卵《たまご》なんか立《た》ったって、すぐ倒《たお》れてしまうだろう」と思《おも》うかもしれませんが、そんなこともありません。テーブルをゆすぶったり、卵《たまご》にさわったりしなければ、一昼夜《いっちゅうや》だってじっと立《た》っています。なかなかみごとなものです。テーブルの脚《あし》がガタガタしていないかどうかたしかめてからやってみてください。

私《わたし》はこうやりました。両手《りょうて》の親指《おやゆび》と中指《なかゆび》とで卵《たまご》をかるく支《ささ》えて、ほぼまっすぐに立《た》てます。卵《たまご》のてっぺんに右手《みぎて》の人《ひと》さし指《ゆび》をのせて試《ため》しにそっと指《ゆび》をはなしてみます。すると、卵《たまご》はたいてい一方《いっぽう》に倒《たお》れかかるので、そのようすをみて、すぐに卵《たまご》をかるくささえて、また立《た》てなおし、何回《なんかい》もおなじことを繰《く》り返《かえ》してみるのです。慣《な》れないうちは5～10分《ぷん》もかかるかもしれませんが、慣《な》れると2～3分《ぷん》でうまく立《た》てられるようになります。

もちろん卵《たまご》の中《なか》には立《た》ちやすいものと、そうでないものとがありますが、たいていの卵《たまご》は立《た》ちます。ゆで卵《たまご》でも実験《じっけん》してみてください。きっとできますよ。

何人《なんにん》かの人《ひと》がいたら、お菓子《かし》でもかけて、だれがいちばん先《さき》にできるか競争《きょうそう》してみるのもおもしろいでしょう。指先《ゆびさき》や精神《せいしん》の訓練《くんれん》にもなるかもしれません（だれかが歩《ある》くと床《ゆか》のゆれるのが分《わ》かるような部屋《へや》ではうまくいかないかもしれませんから注意《ちゅうい》）。うまく立《た》てることができるようになったら、逆《さか》さまに立《た》てることはどうでしょう。一《ひと》つ挑戦《ちょうせん》してみるのもよいでしょう。なかなかたいへんですが、できないことはありません。

静かに静かに。特別な机でなくても，卵は立ちます。

思《おも》いつき、発見《はっけん》、マネ、自信《じしん》

さあ、あなたにも卵《たまご》が立《た》てられるようになりましたか。卵《たまご》が立《た》てられるようになったら、もう一度《いちど》、私《わたし》の話《はなし》につき合《あ》ってください。

もっとも、卵《たまご》が手元《てもと》になかったり、私《わたし》とおなじくらいめんどくさがりやの人《ひと》の中《なか》には、「卵《たまご》が立《た》てられるようになったって仕方《しかた》がない」と思《おも》う方《かた》もいることでしょう。それはそれで仕方《しかた》ありません。〈やったつもり〉になって読《よ》みすすんでください。

じっさい、こんな実験《じっけん》、できるようになったって、できないままだって、どうということもありません。しかし、こんなことでもできるようになると、なにか自信《じしん》のようなものがわいてくるから不思議《ふしぎ》なものです。「あんな倒《たお》れやすい自転車《じてんしゃ》なんかにのれっこない」と思《おも》っていた人《ひと》が自転車《じてんしゃ》にのれるようになったときに感《かん》じるような、あの自信《じしん》です。

もっとも、私《わたし》がこのような話題《わだい》――実験《じっけん》をとりあげたのは、そんな自信《じしん》をみなさん自身《じしん》に感《かん》じさせたいという、それだけのことではありません。この実験《じっけん》は科学《かがく》における〈思《おも》いつき〉とか〈発見《はっけん》〉とか〈マネ〉というものについて考《かんが》えてみるのにたいへんよい素材《そざい》になると思《おも》えたので、話題《わだい》にとりあげたのです。

じつはこの実験《じっけん》、ざんねんながら私《わたし》がはじめて発見《はっけん》したものではありません。この実験《じっけん》のことは、科学随筆家《かがくずいひつか》として名高《なだか》い故《こ》・中谷宇吉郎《なかやうきちろう》さんの「立春《りっしゅん》の卵《たまご》」という随筆《ずいひつ》にくわしくでているのです。読者《どくしゃ》のなかにはすでにその話《はなし》を知《し》っていて、「ああ、あの実験《じっけん》だな」と思《おも》った人《ひと》がいるかもしれません。私《わたし》の話題《わだい》はその中谷《なかや》さんの話題《わだい》をむし返《かえ》し、それをさらに発展《はってん》させることにあるといってもよいでしょう。

卵《たまご》はなぜ立《た》つか――中谷《なかや》さんはそんな疑問《ぎもん》に対《たい》して、こう説明《せつめい》しています。つるつるに見《み》える卵《たまご》のからにも、じつは波《なみ》うつような凹凸《おうとつ》があって、その3ヵ所以上《しょいじょう》のでっぱったところが脚《あし》のようになって卵《たまご》をささえるのだ、というのです。

コロンブスの卵《たまご》

卵《たまご》を立《た》てる話《はなし》といえば、中谷《なかや》さんの「立春《りっしゅん》の卵《たまご》」の話《はなし》よりもさらに有名《ゆうめい》な話《はなし》があります。それは「コロンブスの卵《たまご》」という話《はなし》です。私《わたし》が小学生《しょうがくせい》のころの国語《こくご》の教科書《きょうかしょ》にはその話《はなし》がのっていました。文部省《もんぶしょう》（今《いま》の文部科学省《もんぶかがくしょう》）編《へん》の『小学国語読本《しょうがくこくごとくほん》　巻《まき》八』、つまり小学校《しょうがっこう》4年後期《ねんこうき》の第《だい》二十二課《か》です。おなじ内容《ないよう》の話《はなし》は、大正《たいしょう》十年度《ねんど》から昭和《しょうわ》二十二年度《ねんど》あたりまで使《つか》われていた国定《こくてい》（あるいは準国定《じゅんこくてい》）教科書《きょうかしょ》にのっていましたから、少《すこ》し年配《ねんぱい》の読者《どくしゃ》なら、「ああ、あれか」と思《おも》い出《だ》すことでしょう。知《し》らない人《ひと》もいるでしょうし、短《みじか》いものですから、左《ひだり》に全文《ぜんぶん》のせておきました。読《よ》んでみてください。

コロンブスがアメリカを発見《はっけん》して帰《かえ》った時《とき》、イスパニヤ人《じん》〔スペイン人《じん》〕の喜《よろこ》んだことは非常《ひじょう》なものでした。

一日祝賀会《いちじつしゅくがかい》の席上《せきじょう》で、人々《ひとびと》が代《か》わる代《が》わる立《た》って、コロンブスの成功《せいこう》を祝《しゅく》しますと、一人《ひとり》の男《おとこ》が、

「大洋《たいよう》を西《にし》へ西《にし》へと航海《こうかい》して、陸地《りくち》に出《で》あったのが、それ程《ほど》の手柄《てがら》だったろうか」

と言《い》って冷笑《れいしょう》しました。

これを聞《き》いたコロンブスは、つと立《た》って、食卓《しょくたく》の上《うえ》のゆで卵《たまご》を取《と》り、

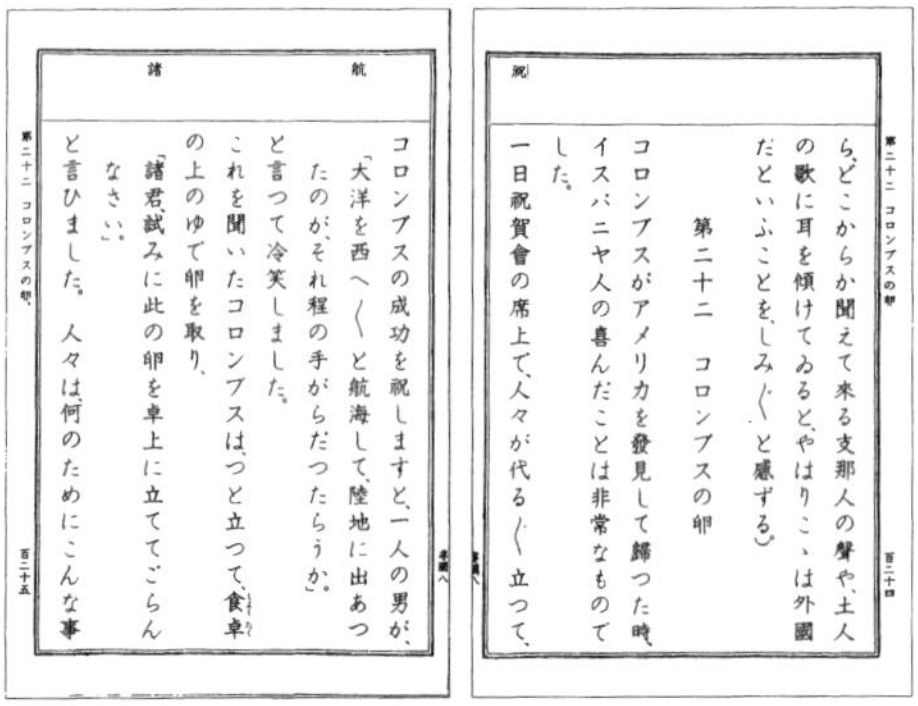
ら、どこからか聞えて来る支那人の聲や、土人
の歌に耳を傾けてゐると、やはりこゝは外國
だといふことを、しみ〴〵と感ずる。」

第二十二　コロンブスの卵

コロンブスがアメリカを發見して歸つた時、
イスパニヤ人の喜んだことは非常なもので
した。
一日祝賀會の席上で、人々が代る〴〵立つて、
コロンブスの成功を祝しますと、一人の男が、
「大洋を西へ〳〵と航海して、陸地に出あつ
たのが、それ程の手がらだつたらうか。」
と言つて冷笑しました。
これを聞いたコロンブスは、つと立つて、食卓《しよくたく》
の上のゆで卵を取り、
「諸君、試みに此の卵を卓上に立ててごらん
なさい。」
と言ひました。人々は、何のためにこんな事

「諸君《しょくん》、試《こころ》みにこの卵《たまご》を卓上《たくじょう》に立《た》ててごらんなさい」

と言《い》いました。人々《ひとびと》は、何《なん》のためにこんなことを言《い》い出《だ》したかと思《おも》いながら、やってみましたが、もとより立《た》とうはずはございません。

この時《とき》コロンブスは、こつんと卵《たまご》の端《はし》を食卓《しょくたく》に打《う》ちつけ、なんの苦《く》もなく立《た》てて申《もう》しました。

「諸君《しょくん》、これも人《ひと》のした後《あと》では、何《なん》の造作《ぞうさ》もないことでございましょう」


（『小学国語読本《しょうがくこくごとくほん》　巻《かん》八』第《だい》二十二課《か》「コロンブスの卵《たまご》」）


これは〈発見《はっけん》〉あるいは〈思《おも》いつき〉というものに対《たい》する、たいへん示唆《しさ》に富《と》んだ逸話《いつわ》です。

しかし、読者《どくしゃ》の方々《かたがた》の中《なか》には、この文章《ぶんしょう》のなかに「あれ、おかしいな」と思《おも》われるところを発見《はっけん》した人《ひと》も少《すく》なくないことでしょう。——そうです。この文章《ぶんしょう》の中《なか》には、「〈ゆで卵《たまご》は〉もとより立《た》とうはずはございません」とありますが、じつはそうではないからです。コロンブスは、みんなの前《まえ》でゆで卵《たまご》をこつんとたたいて、それで立《た》ててみせて人々《ひとびと》を「あっ」といわせたわけですが、（ゆで）卵《たまご》はこつんとたたかなくても立《た》てることができたのです。

ところが、コロンブスも、その場《ば》にいた人《ひと》も、いや、その逸話《いつわ》をこのように書《か》き伝《つた》えた人《ひと》も、その話《はなし》を国定教科書《こくていきょうかしょ》で教《おし》えた日本《にほん》の先生方《せんせいがた》も、それを教《おそ》わった数千万《すうせんまん》の小学生《しょうがくせい》もみーんな「卵《たまご》なんか立《た》つはずがない」と思《おも》いこんでいたわけです。いやはやうかつな話《はなし》です。

「コロンブスの卵《たまご》」の話《はなし》は、発見《はっけん》というもののむずかしさ、意外《いがい》さを教《おし》えてくれていたわけですが、「ゆで卵《たまご》はこつんとたたき割《わ》らなくとも立《た》てることができるんだ」ということの発見《はっけん》は、それに加《くわ》えてさらに発見《はっけん》というもののむずかしさ、意外《いがい》さ、おもしろさというものを私《わたし》たちに教《おし》えてくれるというわけです。

「卵を立てるコロンブス」（ウィリアム・ホガース，1752）

「ものわかりの悪《わる》い人《ひと》」のほうが……

だれでも「そうにきまっている」と思《おも》うこと——それをひっくり返《かえ》すことが一《ひと》つの大《おお》きな発見《はっけん》を生《う》みだします。

そういう発見《はっけん》をするのはどういう人《ひと》でしょうか。それはどうも頭《あたま》のずばぬけていい人《ひと》とはいえないようです。ふつう「頭《あたま》のよい」といわれる人《ひと》は、何《なん》でものみ込《こ》みの早《はや》い人《ひと》です。そういう人《ひと》は、やはりみんなと同《おな》じように「卵《たまご》を立《た》てることなんかできっこない」と思《おも》ってしまうことでしょう。むしろ、どちらかというと「自分《じぶん》はどうもものわかりが悪《わる》くて」と思《おも》っている人《ひと》の方《ほう》が、こういう新発見《しんはっけん》をするには向《む》いているのではないでしょうか。「みんなが何《なん》と思《おも》おうと、自分《じぶん》で納得《なっとく》しないと、どうも先《さき》へすすめない」というような人《ひと》のほうが、こういう新発見《しんはっけん》には適《てき》しているというわけです。

もっとも「もしかすると、殻《から》をこわさなくても卵《たまご》は立《た》つかもしれない」——そう思《おも》いついただけでは新発見《しんはっけん》は成功《せいこう》しません。じっさいにやってみなければならないのです。

よく、新発見《しんはっけん》のためには新《あたら》しいこと、いいことを思《おも》いつくことが決定的《けっていてき》に大事《だいじ》だといわれたりしますが、それだけではまだまだだめなわけです。思《おも》いついたらすぐやってみる――それがすぐ成功《せいこう》というなら簡単《かんたん》ですが、たいていのことはやってみたところですぐにうまくゆかないのがふつうだからです。

そこで、新《あたら》しいことを思《おも》いついたらそれをやってみる、しかもすぐにはあきらめないだけのねばりが必要《ひつよう》だ、ということになります。

しかし、そのねばりというのは何《なに》も修養《しゅうよう》の問題《もんだい》ではありません。「どんなくだらないことでもねばり強《づよ》くやる」というのはあまり感心《かんしん》できることではないからです。その「思《おも》いつき」がたんなる思《おも》いつきであれば、ねばり強《づよ》い実行力《じっこうりょく》なんて生《う》まれっこありません。やはり「ねばってみよう」という気《き》がおきるためには、「思《おも》いつき」以上《いじょう》の、成功《せいこう》への「見通《みとお》し」がなければならないのです。発見《はっけん》において、「頭《あたま》のよさ」とか基礎知識《きそちしき》というものが問題《もんだい》になるのはこのためです。

マネもバカにできない

「あなたは生卵《なまたまご》を立《た》てることができますか」といきなりきかれたりすると、たいていの人《ひと》は「もしかすると立《た》てられるのかもしれない」と思《おも》ってみます。しかし、少《すこ》し考《かんが》えなおすと、「やっぱりそんなことはできっこない」という見通《みとお》しが勝《か》って、やってもみないことになるのです。もっとも、こんな場合《ばあい》でも、「もし、この卵《たまご》を立《た》てることができたら1万円《まんえん》やろう」とでもちかけられたら、少《すこ》しは手《て》を出《だ》したくなるでしょう。じっさいにやってみるためには、その成功《せいこう》への期待感《きたいかん》が大切《たいせつ》なのです。

ですから、科学《かがく》や技術上《ぎじゅつじょう》の新発見《しんはっけん》の場合《ばあい》でも、「どういう新発見《しんはっけん》をしたら、個人的《こじんてき》あるいは社会的《しゃかいてき》にどれほどの利益《りえき》になるか」ということが十分見通《じゅうぶんみとお》せないと、なかなか新発見《しんはっけん》のためにねばり強《づよ》い研究《けんきゅう》をつづけることができなくなります。じつはそういう見通《みとお》しが立《た》つためには、科学《かがく》とか技術《ぎじゅつ》とか経済《けいざい》とか社会《しゃかい》といったものについての広《ひろ》い視野《しや》があるかどうかが決定的《けっていてき》な役割《やくわり》をはたすことになります。ですから、「だれかが成功《せいこう》した」というたしかな情報《じょうほう》が入《はい》ったら、具体的《ぐたいてき》にその人《ひと》がどうやって成功《せいこう》したかの情報《じょうほう》が入《はい》らなくても、同《おな》じことを発見《はっけん》することはずいぶん楽《らく》になります。文字通《もじどお》りのマネをするのではなくてもです。ですから、文字通《もじどお》りマネをしたのではないからといって、あとから同《おな》じような発見《はっけん》をした人《ひと》の独創性《どくそうせい》をはじめの人《ひと》のそれと同等視《どうとうし》することは正《ただ》しいとはいえません。

科学《かがく》や技術《ぎじゅつ》の歴史上《れきしじょう》ではこういうことがたくさんあります。ガリレオが望遠鏡《ぼうえんきょう》を発明《はつめい》したときもそうでした。かれは「オランダ人《じん》が遠《とお》くのものを大《おお》きく見《み》せる道具《どうぐ》を発明《はつめい》した」といううわさをきいただけで、すぐ自分《じぶん》でも望遠鏡《ぼうえんきょう》を発明《はつめい》することに成功《せいこう》したのです。

卵《たまご》を立《た》てる実験《じっけん》の場合《ばあい》、そんなことができても金《かね》もうけができるわけでもありません。卵《たまご》を立《た》てる実験《じっけん》に動機《どうき》を与《あた》えたのは、ジャーナリスティックな興味《きょうみ》であったようです。第二次大戦《だいにじたいせん》後《ご》、たまたま中国《ちゅうごく》の古《ふる》い本《ほん》に「立春《りっしゅん》の日《ひ》（ふつうは2月《がつ》4日《よっか》）には卵《たまご》が立《た》つ」という話《はなし》がでていることが話題《わだい》になって、新聞紙上《しんぶんしじょう》の話題《わだい》になり、立春《りっしゅん》の日《ひ》には卵《たまご》が立《た》つことが確認《かくにん》され、さらに立春《りっしゅん》の日《ひ》でなくても立《た》つということが見《み》つかったというわけです。

この発見《はっけん》のいきさつを書《か》いた中谷《なかや》さんの随筆《ずいひつ》「立春《りっしゅん》の卵《たまご》」はたいへん示唆《しさ》に富《と》む読《よ》み物《もの》なので、興味《きょうみ》のある方《かた》はぜひ読《よ》んでみるとよいと思《おも》います。『中谷宇吉郎随筆選集《なかやうきちろうずいひつせんしゅう》』第《だい》2巻《かん》（朝日《あさひ》新聞社《しんぶんしゃ》）にもはいっているほか、『少年少女科学名著全集《しょうねんしょうじょかがくめいちょぜんしゅう》』第《だい》19巻《かん》（国土社《こくどしゃ》）にも収《おさ》められています。

ところで、だれかが成功《せいこう》したあと、それをマネてみるということだってそうバカにはできません。マネることだって、はじめのうちはなかなか自信《じしん》がもてなくて、やってみることができないからです。

はじめは、言葉《ことば》だけで「成功《せいこう》」の情報《じょうほう》が入《はい》ります。その段階《だんかい》で「自分《じぶん》もやってみよう」という人《ひと》も少《すこ》しはいますが、それはやはりそういうことに関《かん》してかなりの基礎的《きそてき》な知識《ちしき》、経験《けいけん》、利害《りがい》をもっている人《ひと》に限《かぎ》られるようです。また、そういう人《ひと》でないと、成功《せいこう》への自信《じしん》がぐらついてきて、すぐに投《な》げだしてしまいかねないのです。

そこで、たいていの人《ひと》は自分《じぶん》の目《め》の前《まえ》で、自分《じぶん》と同《おな》じような人間《にんげん》が成功《せいこう》したということをみて、それでやっと、やってみる気《き》をおこすようになります。しかし、それでも、少《すこ》しやってみてすぐに自信《じしん》を失《うしな》ってしまうことが多《おお》いのですが、そこであきらめずに一度立《いちどた》った卵《たまご》を手《て》にして、なんとか成功《せいこう》し、それでやっと「これなら自分《じぶん》だってできるはずだ」という自信《じしん》がもてるようになるのがふつうです。

知識《ちしき》が自信《じしん》を支《ささ》える

もしかすると、この文章《ぶんしょう》の読者《どくしゃ》の中《なか》には、何回《なんかい》かやってみてやめてしまった人《ひと》がいるかもしれません。それは一《ひと》つには私《わたし》の文章《ぶんしょう》の書《か》き方《かた》が悪《わる》くて、そういう人《ひと》にまで自信《じしん》をもたせることができないからですが、やはりそういう自信《じしん》というものは、面《めん》と向《む》かいあってやってみせるのがいちばん効果的《こうかてき》な伝《つた》え方《かた》だということも否定《ひてい》できないでしょう。

自転車《じてんしゃ》というものがはじめてあらわれたとき、「そんなものに乗《の》れるわけがない」という人《ひと》びとが、どうやって乗《の》ることができるようになったか、という事情《じじょう》なども想像《そうぞう》してみてください。「軽業師《かるわざし》のような特殊《とくしゅ》な訓練《くんれん》をへた人《ひと》だけが乗《の》れるようになるにちがいない」とかなんとか考《かんが》えているうちに、「自分《じぶん》の知《し》っているごく当《あた》り前《まえ》な人間《にんげん》が乗《の》れるようになった」というのを知《し》ってはじめて自分《じぶん》でもやってみるようになる、というのがふつうではないでしょうか。

だれかの実験《じっけん》の成功《せいこう》をきいて、それをマネて成功《せいこう》するのにも、「自分《じぶん》にもできる」という自信《じしん》を支《ささ》える幅広《はばひろ》い知識《ちしき》・能力《のうりょく》というものが不可欠《ふかけつ》だ、という教訓《きょうくん》――それが幅広《はばひろ》く科学《かがく》を教《おし》えたり学《まな》んだりする原動力《げんどうりょく》になると思《おも》うのです。

〔付記〕この話《はなし》を書《か》いたあと、たくさんの人《ひと》たちから「じっさいに卵《たまご》を立《た》ててみた」という話《はなし》をききました。学校《がっこう》でみんなと一緒《いっしょ》に競争《きょうそう》でやってみたという人《ひと》もいました。そういう人《ひと》たちの過半数《かはんすう》はうまく卵《たまご》を立《た》てることができたようです。

卵《たまご》を立《た》てるといえば、昔《むかし》からこんなトリックを使《つか》う方法《ほうほう》も伝《つた》わっています。江戸時代《えどじだい》（文政十年《ぶんせいじゅうねん》＝１８２７年《ねん》）に出版された『秘事百撰《ひじひゃくせん》』（福井智徳斎著《ふくいちとくさいちょ》）という本《ほん》には、「板《いた》の上《うえ》に卵《たまご》を立《た》てる法《ほう》」と題《だい》して、「卵《たまご》の尻《しり》に塩《しお》を少《すこ》しばかり付《つ》けて立《た》つるに立《た》つこときみょうなり」と書《か》かれています。このやり方《かた》は今《いま》でも手品《てじな》の本《ほん》にのっていることがあるので、ごぞんじの方《かた》もあるかも知《し》れません。

そういえば、昔《むかし》の本《ほん》には「卵《たまご》を強《つよ》く振《ふ》って黄味《きみ》が下《した》に来《く》るようにすると、重心《じゅうしん》が下《さ》がるので立《た》てられるようになる」と書《か》いたものもあります（竹内広業《たけうちひろなり》『物理《ぶつり》奇観《きかん》』明治《めいじ》二十三年《ねん》、石川正作《いしかわしょうさく》『歴史児談《れきしじだん》（4　附録《ふろく》）』明治《めいじ》三十年《ねん》、など）。黄味《きみ》が下《した》に来《き》ても重心《じゅうしん》はそう下《さ》がるわけではありません。「こうすれば立《た》つだろう」という信念《しんねん》によって根気《こんき》よくやってみるから立《た》つわけです。

砂糖水《さとうみず》でも卵《たまご》は浮《う》くか

——一《いち》をきいて十《じゅう》を知《し》ることのむずかしさ——

あなたはこんな実験《じっけん》をごぞんじですか。卵《たまご》のはいった水《みず》の中《なか》に食塩《しょくえん》をとかしていって、それまで水《みず》の中《なか》に沈《しず》んでいた卵《たまご》を浮《う》き上《あ》がらせてみせる実験《じっけん》です。

この実験《じっけん》はなかなかみごとなので、古《ふる》くから学校《がっこう》でもよくおこなわれていました。最近《さいきん》では卵《たまご》のかわりにジャガイモを使《つか》って実験《じっけん》することがはやっているようですが、原理的《げんりてき》には同《おな》じことです。もしまだこの実験《じっけん》をみたことがなかったら、自分《じぶん》でもやってみたらどうでしょう。

「たくさん食塩《しょくえん》を使《つか》うのはもったいない」

というのでしたら、コップで実験《じっけん》してみてください。

コップに卵《たまご》をいれて、その卵《たまご》が全部《ぜんぶ》かくれるぐらいの水《みず》を注《そそ》ぎます。こうして、ただの水《みず》を注《そそ》いだのでは、卵《たまご》は底《そこ》に沈《しず》んだままで浮《う》き上《あ》がってこないことをたしかめておきます。

そこで、こんどはその水《みず》の中《なか》に食塩《しょくえん》をとかしこむことにします。卵《たまご》は一度《いちど》出《だ》して、水《みず》の中《なか》に食塩《しょくえん》を入《い》れ、よくかきまぜます。

値段《ねだん》の高《たか》い食卓塩《しょくたくえん》を使《つか》うとカルシウムなどの添加物《てんかぶつ》のために、いくらかきまぜても水《みず》にとけない部分《ぶぶん》がのこることがありますが、水《みず》がすきとおってきたら、塩《しお》がよくとけた証拠《しょうこ》です。コップ半杯《はんぱい》（１００ｇぐらい）の水《みず》に15ｇほどの塩《しお》（大《おお》さじ1杯《ぱい》ほど）をとかせば十分《じゅうぶん》です。もう一度《いちど》コップの中《なか》に卵《たまご》をいれると、こんどは卵《たまご》が食塩水《しょくえんすい》の中《なか》で浮《う》き上《あ》がるのがたしかめられるでしょう。うまく浮《う》き上《あ》がらなかったら食塩《しょくえん》の量《りょう》をふやしてやれば必《かなら》ず浮《う》き上《あ》がります。

どうということもない実験《じっけん》ですが、簡単《かんたん》にできるし、うまくいくと楽《たの》しいものですから一度《いちど》やってみてください。

濃い食塩水に浮かぶ卵

予想《よそう》は大《おお》きく二《ふた》つにわかれる

ところで、本来《ほんらい》の話題《わだい》はこれからです。水《みず》の中《なか》では浮かなかった卵《たまご》も、濃《こ》い食塩水《しょくえんすい》の中《なか》では浮《う》くようになる――それなら、濃《こ》い砂糖水《さとうみず》でやったらどうなるだろうか、というのです。

こういう問題《もんだい》を出《だ》すと、人《ひと》びとの予想《よそう》は大《おお》きく二《ふた》つにわかれます。食塩水《しょくえんすい》に卵《たまご》を浮《う》かせる実験《じっけん》なら見聞《みき》きしたという人《ひと》はたくさんいても、砂糖《さとう》での実験《じっけん》の話《はなし》をきいたという人《ひと》はまるでいないというのが実情《じつじょう》です。そこで、食塩水《しょくえんすい》の場合《ばあい》のように記憶《きおく》で答《こた》えることができずに、理屈《りくつ》やカンをはたらかせて予想《よそう》をたてなければならなくなり、その理屈《りくつ》やカンが人《ひと》によって大《おお》きくわかれるのです。

私《わたし》はこの問題《もんだい》を小《しょう》・中学生《ちゅうがくせい》のほか、小学校《しょうがっこう》の先生方《せんせいがた》や大学《だいがく》の教育学部《きょういくがくぶ》の学生《がくせい》さんたちにたずねたことがあります。そしてこの問題《もんだい》は大学生《だいがくせい》や先生方《せんせいがた》でもなかなか正《ただ》しく答《こた》えられないということを知《し》りました。大学生《だいがくせい》の場合《ばあい》でも予想《よそう》は真二《まっぷた》つにわかれます。先生方《せんせいがた》の場合《ばあい》には、「砂糖水《さとうみず》では浮《う》き上《あ》がらないだろう」という予想《よそう》の方《ほう》がかなり多《おお》くなる傾向《けいこう》もあるようですが、まあ半々《はんはん》といってよいでしょう。

あなたはどう思《おも》いますか。

ある人《ひと》たちはこう考《かんが》えます――「食塩水《しょくえんすい》の場合《ばあい》に浮《う》くのだから、それをもとにして考《かんが》えると砂糖水《さとうみず》の場合《ばあい》だって浮《う》くだろう」というのです。「一《いち》をきいて十《じゅう》を知《し》る――食塩水《しょくえんすい》のことを知《し》ったら、それを砂糖水《さとうみず》の場合《ばあい》にもあてはめられないなんて、今《いま》ごろの大学生《だいがくせい》や先生《せんせい》もどうかしているな」という人《ひと》もいるかもしれません。

塩《しお》はからく砂糖《さとう》は甘《あま》い

しかし、それと正反対《せいはんたい》に考《かんが》える人《ひと》もあります――「食塩水《しょくえんすい》には卵《たまご》が浮《う》くという話《はなし》はきいたことがある。たしかに、プールで泳《およ》ぐときと海《うみ》で泳《およ》ぐときとでは、海《うみ》の方《ほう》がずっとよく浮《う》く感《かん》じだし、それに〈塩分《えんぶん》の濃《こ》い死海《しかい》という湖《みずうみ》ではどんな泳《およ》ぎの下手《へた》な人《ひと》でも浮《う》いてしまう〉っていうじゃないか。だから、水《みず》に塩《しお》がとけるとものを浮《う》き上《あ》がらせる力《ちから》が大《おお》きくなることはたしかだ。だけど砂糖水《さとうみず》ではそんな話《はなし》をきいたこともない。卵《たまご》を浮《う》かす実験《じっけん》だって砂糖《さとう》を使《つか》うという話《はなし》なんかきいたこともない。とすると、卵《たまご》は食塩水《しょくえんすい》でなくては浮《う》かないからではないのか」というのです。

これも一理《いちり》あるようにみえます。じっさい、卵《たまご》を浮《う》かす実験《じっけん》はいつも食塩《しょくえん》でやることになっていて、砂糖水《さとうみず》を使《つか》ってやるなどという話《はなし》は私《わたし》もきいたことがありません。それは、この実験《じっけん》は食塩《しょくえん》でないとうまくいかないためであるのかもしれません。つまり、「この実験《じっけん》はいつも食塩《しょくえん》を使《つか》ってやることになっている」という一《ひと》つのことをもとにして「十《じゅう》」を考《かんが》えると、「砂糖水《さとうみず》では浮《う》かないだろう」という結論《けつろん》になるのです。

こういうわけで、「砂糖水《さとうみず》でも卵《たまご》は浮《う》くだろう」という予想《よそう》も、「砂糖水《さとうみず》では卵《たまご》は浮《う》かないだろう」という予想《よそう》も、「一《いち》を聞《き》いて十《じゅう》を知《し》る」という考《かんが》えをおしすすめた結果《けっか》であるのがふつうです。

もっと空想力《くうそうりょく》（?）ゆたかな子《こ》どもになると、こうも考《かんが》えます。「塩《しお》はからくて、砂糖《さとう》はあまい、その性質《せいしつ》は正反対《せいはんたい》だから、塩水《しおみず》と砂糖水《さとうみず》とでは結果《けっか》がちがうだろう」というのです。

こんな考《かんが》えをだすと、たいていの人《ひと》は「そんなばかな！」といって笑《わら》ったりします。そしてその反動《はんどう》として、もう少《すこ》し理屈《りくつ》っぽい考《かんが》え方《かた》をしようとしたりする人《ひと》があらわれたりします。

――「水《みず》に食塩《しょくえん》をとかすと卵《たまご》が浮《う》くようになる。それはなぜかというと食塩《しょくえん》がとけることによって水《みず》の密度《みつど》（比重《ひじゅう》）がふえることになるからだろう。おなじ体積《たいせき》をくらべた場合《ばあい》、食塩水《しょくえんすい》の方《ほう》が卵《たまご》より重《おも》くなるから卵《たまご》が浮《う》くようになるわけだ。すると問題《もんだい》は、砂糖《さとう》をとかしたときにも水《みず》の密度《みつど》（比重《ひじゅう》）がふえて、卵《たまご》よりも重《おも》くなるかどうかだが、いったいどうなるのだろう」というわけです。

このように理屈《りくつ》をたてて考《かん》えると「水《みず》に砂糖《さとう》をとかした場合《ばあい》、砂糖水《さとうみず》の密度《みつど》がどうなるかわからないから、卵《たまご》が浮《う》くかどうかわからない」ということになります。

それはそうです。まだやっていないのですから「わからない」のは当然《とうぜん》です。だから、「こうなるにきまっている」という答《こた》えはできないにしても、おそらくこうなるだろう」ぐらいの予想《よそう》はできないか、ときいているのですが、あなたはどう思《おも》いますか。

水《みず》に砂糖《さとう》をとかした場合《ばあい》、砂糖水《さとうみず》の重《おも》さ（密度《みつど》、比重《ひじゅう》）は食塩水《しょくえんすい》のときとおなじように卵《たまご》の重《おも》さ（密度《みつど》、比重《ひじゅう》）よりも大《おお》きくなるだろうか、と考《かん》えなおして予想《よそう》をしてくださってもよいのですが……。

100gの水《みず》にとける砂糖《さとう》の量《りょう》

さあ、予想《よそう》をたてて、ほかの人《ひと》たちとも十分《じゅうぶん》に話《はな》しあったら、いよいよ実験《じっけん》をしてみましょう。コップに半分《はんぶん》ほどの水《みず》と砂糖《さとう》とを用意《ようい》してください。コップ半杯《はんばい》——100gほどの水《みず》に砂糖《さとう》はどのくらいとけるでしょう。まず、そのことから実験《じっけん》してみましょうか。

食塩《しょくえん》の場合《ばあい》、温度《おんど》によって多少《たしょう》はちがいますが、100gの水《みず》に35～36gぐらいまでとけます。それなら砂糖《さとう》の場合《ばあい》はどうでしょう。

〔問題《もんだい》〕砂糖《さとう》は100gの水《みず》にどのくらいまでとけると思《おも》いますか。

ア．食塩《しょくえん》ほどはとけない。（35gより少《すく》ない量《りょう》しかとけない）

イ．食塩《しょくえん》と同《おな》じくらいとける。（35～36gぐらいとける）

ウ．食塩《しょくえん》よりずっとたくさんとける。

さて、どうでしょう。

１００gの水《みず》に10gずつとかし、よくかきまぜて全部《ぜんぶ》とけきったかどうかたしかめてから、さらに10gの砂糖《さとう》を加《くわ》えていくことにします。10gや20g、30gはかんたんにとけます。50gもとけます。食塩《しょくえん》よりもたくさんとけるわけです。80gになってもまだとけます。では、ちょうど１００gぐらいとけるのでしょうか。

砂糖《さとう》の量《りょう》がふえると、全部《ぜんぶ》とけきるまで、よほどかきまぜなければなりませんが、１００gの水《みず》に１００gの砂糖《さとう》をいれてもまだとけます。じつは、温度《おんど》が０℃のときでも１００gの水《みず》に１７９g、10℃のときだと１９０g、温度《おんど》が１００℃では１００gの水《みず》になんと４８７gもの砂糖《さとう》がとけるのです。

１００gの水《みず》に砂糖《さとう》は何《なん》gまでとけるか、その正確《せいかく》

砂糖は驚くほどたくさん水にとける

な量《りょう》についてては専門家《せんもんか》にまかせるとして、私《わたし》たちは水《みず》100gに100g以上《いじょう》の砂糖《さとう》がとけることをたしかめるだけでやめてもよいでしょう。水《みず》をかきまわすだけでもかなりの労力《ろうりょく》がいるわけですから。

100gの水《みず》に200gもの砂糖《さとう》がとける——これを見《み》ていると、まるで砂糖《さとう》に水《みず》がとけるような感《かん》じです。水《みず》よりずっとたくさんの砂糖《さとう》の中《なか》に水《みず》がしみこんで、それで水《みず》あめのようにすき通《とお》ってしまうのです。

100gの水《みず》にこんなにたくさんの砂糖《さとう》をとかすと体積《たいせき》もすごくふえて、はじめの2倍以上《ばいいじょう》になります。ねばっこい感《かん》じにもなります。これなら卵《たまご》だって浮《う》きそうだ、という感《かん》じにもなるでしょうが、さて——。

先生《せんせい》までまちがえたわけ

さて、それならいよいよ実験《じっけん》です。100gの水《みず》に砂糖《さとう》を50gほどもとかしたところで卵《たまご》をいれてみたらどうでしょう。——卵《たまご》の上部《じょうぶ》が水面《すいめん》の上《うえ》に顔《かお》を出《だ》します。たしかに浮《う》くのです。じつは、100gの水《みず》に砂糖《さとう》が25gもとけていれば卵《たまご》は十分《じゅうぶん》に浮《う》くはずです（お汁粉《しるこ》の中《なか》に卵《たまご》をいれても卵《たまご》は浮《う》きます）。

食塩《しょくえん》や砂糖《さとう》ばかりではありません。（アルコールのようにもともと水《みず》より軽《かる》いものならともかく）たいていのものは水《みず》にとけると、その水溶液《すいようえき》の密度《みつど》を水《みず》より大《おお》きくします。そしてたくさんとければ、卵《たまご》（密度《みつど》1・09ぐらい）よりもかなり密度《みつど》が大《おお》きくなるのがふつうです。ですから卵《たまご》をいれれば浮《う》くようになります。

砂糖水に卵が浮いた！

さて、「水《みず》にものをとかすと、一般《いっぱん》にその密度《みつど》がふえてその浮力《ふりょく》も大《おお》きくなる」という知識《ちしき》なら、食塩水《しょくえんすい》に卵《たまご》が浮《う》くか浮《う》かないかという知識《ちしき》よりずっと役《やく》に立《た》ちます。そういう知識《ちしき》なら、物理学《ぶつりがく》の考《かんが》え方《かた》を理解《りかい》したり興味《きょうみ》をもったりするのに大《おお》いに役立《やくだ》つといってもよいでしょう。

ところが、じっさいには、卵《たまご》を食塩水《しょくえんすい》に浮《う》かせる実験《じっけん》を知《し》っている大学生《だいがくせい》や古《ふる》くからそれを生徒《せいと》に教《おし》えている先生方《せんせいがた》の大部分《だいぶぶん》は、この実験《じっけん》を水溶液《すいようえき》の密度《みつど》や浮力《ふりょく》に関《かん》する実験《じっけん》の一《ひと》つとは思《おも》わずに「食塩水《しょくえんすい》なら」という形《かたち》でしか覚《おぼ》えこんでいないというのが実情《じつじょう》なのです。

一《いち》をきいて十《じゅう》を知《し》ることのむずかしさ

それはなぜでしょうか。

それは、「一《いち》をきいて十《じゅう》を知《し》れ」という格言自体《かくげんじたい》が、もともと正《ただ》しい結果《けっか》を知《し》っている人《ひと》の身勝手《みがって》なおしつけとなっていることが少《すく》なくないからです。

じっさい、「濃《こ》い食塩水《しょくえんすい》では卵《たまご》も浮《う》く」という一《ひと》つの実験結果《じっけんけっか》から「十《じゅう》」を知《し》るといっても、その「十《じゅう》」の知《し》り方《かた》には二通《ふたとお》りありうるのです。その一《ひと》つは「食塩水《しょくえんすい》では浮《う》くというのだから、砂糖水《さとうみず》ではだめ」という理解《りかい》の仕方《しかた》です。そしてもうひとつは「食塩水《しょくえんすい》と同《おな》じように砂糖水《さとうみず》やその他《ほか》の水溶液《すいようえき》でも卵《たまご》が浮《う》くのではないか」という理解《りかい》の仕方《しかた》です。

本来《ほんらい》、一《いち》をきいて十《じゅう》を知《し》ることはとてもむずかしいことです。そこで私《わたし》は「一《いち》をきいて十《じゅう》を予想《よそう》する。そしてそのどれが正《ただ》しいかじっさいにためしてみる」というのがほんとうの科学《かがく》の学《まな》び方《かた》だ、と思《おも》います。

あることを知《し》ってそれに近《ちか》いことについて予想《よそう》をたてても、かならずしも当《あ》たるとは限《かぎ》りません。だから実験《じっけん》してみなければならないのです。「これまで卵《たまご》を浮《う》かせる実験《じっけん》は食塩《しょくえん》でやるのにきまっていた」というのは、「砂糖《さとう》でもそういう実験《じっけん》をしてみたら」という子《こ》どもや教師《きょうし》がどれほど少《すく》なかったかということで、これまでの理科教育《りかきょういく》の貧困《ひんこん》さをものがたるものにほかなりません。

「余計《よけい》なことを考《かんが》えたりやってみたりする」――その結果《けっか》は大部分《だいぶぶん》うまくいかないでしょうが、少《すこ》しはうまくいくものです。砂糖水《さとうみず》でも卵《たまご》が浮《う》く実験《じっけん》はそのほんの一例《いちれい》にすぎません。

これから食塩水《しょくえんすい》で卵《たまご》を浮《う》かす実験《じっけん》をやるときには、ぜひ砂糖水《さとうみず》についても子《こ》どもたちに予想《よそう》をたてさせて実験《じっけん》するようにしたいものです。

もしかしたら、子《こ》どもたちはすぐに「砂糖《さとう》だって浮《う》くにきまっているよ」というかもしれません。そうしたら、「先生《せんせい》や大学生《だいがくせい》だって、砂糖水《さとうみず》では卵《たまご》は浮《う》かないと考《かんが》えている人《ひと》がいるのだけれど、どうかな」といってやるとよいと思《おも》います。

「一《いち》をきいて十《じゅう》を知《し》る」にもいろいろな考《かんが》え方《かた》があることを知《し》ることはいいことだと思《おも》うか

らです。

砂糖水《さとうみず》から〈ダイヤモンド〉?

さて、あなたの手《て》もとには、まだコップに入《はい》った濃《こ》い砂糖水《さとうみず》(あるいは食塩水《しょくえんすい》)がありますね。せっかくたくさんの砂糖《さとう》を使《つか》ったのですから、それは捨《す》てないでもうひとつの実験《じっけん》に使《つか》いましょう。

その砂糖水《さとうみず》をあたためて、さらに砂糖《さとう》(または食塩《しょくえん》)をつけ足《た》して、もうこれ以上《いじょう》とけきれないというくらいまで濃《こ》くしておきましょう。砂糖《さとう》なら、100gの水《みず》に合計《ごうけい》250~300gぐらいの砂糖《さとう》をとかしてみましょう。よくかきまわすと小《ちい》さな泡《あわ》がたくさんできて砂糖《さとう》がとけきれないでいるようにみえることがありますが、その泡《あわ》は液《えき》をしばらく静《しず》かにしておくと液面《えきめん》から空気中《くうきちゅう》にでていきます。

さて、こうしてうんと濃《こ》い砂糖水《さとうみず》ができたら、それをそのまま茶《ちゃ》だんすかなにかの中《なか》にしまって、ほっておいてください。この実験《じっけん》は、あとはそれを見守《みまも》ればよいのです。コップの中《なか》の液《えき》の温度《おんど》がさがると、それまで湯《ゆ》にとけていた砂糖《さとう》の一部《いちぶ》がとけきれなくなって、液《えき》の中《なか》に姿《すがた》をあらわすようになります。

また、コップの中《なか》の水分《すいぶん》は少《すこ》しずつ蒸発《じょうはつ》して、１ヵ月《げつ》もすると液《えき》がさらに濃《こ》くなります。食塩水《しょくえんすい》の場合《ばあい》には水分《すいぶん》が全部《ぜんぶ》なくなってしまっているかもしれません。水分《すいぶん》が減《へ》ったりなくなったりすると、砂糖《さとう》や食塩《しょくえん》がその姿《すがた》を現《あらわ》します。その砂糖《さとう》や食塩《しょくえん》の姿《すがた》を見《み》ようというのです。

砂糖水《さとうみず》の場合《ばあい》、どろどろしているので、水《みず》から分離《ぶんり》した砂糖《さとう》が砂糖水《さとうみず》の表面《ひょうめん》をおおってそれ以上水分《いじょうすいぶん》が蒸発《じょうはつ》しなくなるのがふつうです。そこで、水分《すいぶん》が全部《ぜんぶ》なくなることはないでしょう。少《すこ》しでも多《おお》く水分《すいぶん》を蒸発《じょうはつ》させてやるために、表面《ひょうめん》をおおっている砂糖《さとう》のかたまりの一部《いちぶ》に穴《あな》をあけてやるとよいでしょう。この実験《じっけん》はせっかちだとうまくいきません。１、２週間《しゅうかん》もたって、「あれ!?　このコップなんだっけ」と思《おも》いだすくらいでちょうどよいのです。

さて、こうして再《ふたた》び水溶液《すいようえき》の中《なか》から姿《すがた》をあらわす砂糖《さとう》や食塩《しょくえん》——それはどんな形《かたち》をしていると思《おも》いますか。

食塩《しょくえん》の場合《ばあい》、底《そこ》の方《ほう》にきれいな立方体状《りっぽうたいじょう》の形《かたち》をして現《あらわ》れます。大《おお》きなかたまりにも粉末状《ふんまつじょう》にもならずに、形《かたち》のきれいなサイコロ状《じょう》の食塩《しょくえん》になるのです。大《おお》きいものは一辺《いっぺん》3～5ミリぐらいにもなって見事《みごと》です。

砂糖《さとう》の場合《ばあい》はもっと見事《みごと》です。もっとも、上《うえ》からみると餅《もち》のようなかたまりになっているだけですが、そのかたまりの砂糖《さとう》水《みず》につかっている部分《ぶぶん》を下《した》からのぞきこむと、きれいな平面《へいめん》と角《かど》とでかこまれた美《うつく》しい結晶《けっしょう》が見《み》えるでしょう。ある人《ひと》は「水晶《すいしょう》のようだ」といい、ある子《こ》どもは「ダイヤモンドのようだ」ともいいます。

一度《いちど》できた小《ちい》さな結晶《けっしょう》を糸《いと》で結《むす》んで新《あたら》しい砂糖水《さとうみず》の中《なか》に入《い》れてやると、そのまわりにもっと大《おお》きくて見事《みごと》な結晶《けっしょう》を作《つく》ることもできます。

こういう結晶作《けっしょうづく》りのすばらしさは自分《じぶん》で作《つく》ってみないとわからないものですから、ぜひやってみてください。食塩《しょくえん》や砂糖《さとう》の小《ちい》さな小《ちい》さな原子《げんし》や分子《ぶんし》はどうしてそんなにきれいに規則正《きそくただ》し

砂糖の結晶

食塩の結晶

くならぶのか、あれこれ空想《くうそう》してみるのもたのしいことだと思《おも》います。

じつは食塩《しょくえん》や砂糖《さとう》だけではありません。どんなものでも液体《えきたい》からその姿《すがた》をあらわすときには、たいていこれと同《おな》じようにきれいな結晶《けっしょう》の形《かたち》になります。


〈付記〉この文章《ぶんしょう》を発表《はっぴょう》してから、「砂糖《さとう》の結晶《けっしょう》を作《つく》ろうとしてやったけど、うまくできなかった」という人《ひと》に出会《であ》いました。そこで、どうやったらうまくいくのかいかないのか、少《すこ》ししらべてみました。

１００ｇの水《みず》に砂糖《さとう》は43ページの図《ず》のような割合《わりあい》でとけます。20℃でも１００ｇの水に２０４ｇとけるのが、１００℃になると４８７ｇもとけるわけです。ですから１００℃の水《みず》１００ｇの中《なか》に４８７ｇの砂糖《さとう》をとかすと、その砂糖水《さとうみず》の温度《おんど》が20℃にさがったときに（487 － 204 ＝）283g ほどの砂糖《さとう》が結晶《けっしょう》としてでてくるはずです。けれども、あまり急激《きゅうげき》に結晶《けっしょう》ができるようにすると、容器《ようき》の壁《かべ》などにも結晶《けっしょう》ができてしまったりして、あまりきれいな結晶《けっしょう》が見《み》られないようです。

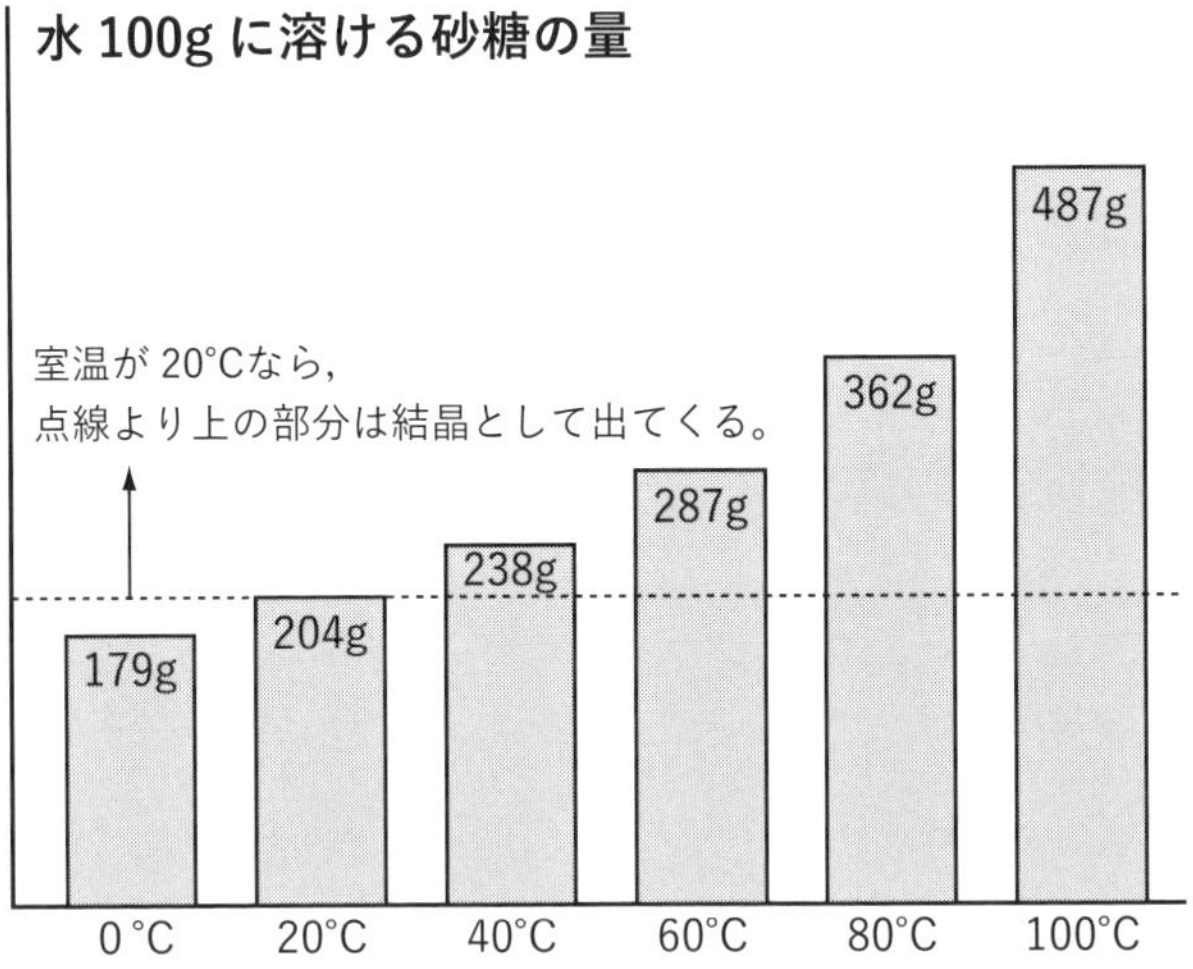

１００ｇの湯《ゆ》に２２０～２３０ｇの砂糖《さとう》をとかすぐらいの方《ほう》が、きれいな結晶《けっしょう》が見《み》られます。これでも温度《おんど》が20℃にさがれば20ｇほどの砂糖《さとう》が析出《せきしゅつ》してくるので見事《みごと》です。もっとも１００ｇの湯《ゆ》に２２０ｇの砂糖《さとう》では量《りょう》が多《おお》すぎるので、私《わたし》は30ｇに66ｇとかしました。

水《みず》の沸騰点《ふっとうてん》は97℃?!
――科学《かがく》と実験《じっけん》の誤差《ごさ》のはなし――

あなたは、水《みず》の沸騰《ふっとう》する温度《おんど》を自分《じぶん》ではかってみたことがありますか。

もし家《いえ》に温度計《おんどけい》があったら、台所《だいどころ》でも実験《じっけん》してみませんか。

「そんな！　実験《じっけん》をしなくても、水《みず》は１００℃で沸騰《ふっとう》するにきまっているでしょ」といわれるかもしれませんが、ものはためしです。もし家《いえ》に温度計《おんどけい》がなかったり、すぐに腰《こし》をあげるのはおっくうだというのでしたら、実験《じっけん》をやる前《まえ》に私《わたし》の話《はなし》につきあってください。

この問題《もんだい》、じつは10年《ねん》ほど前《まえ》、私《わたし》が各地《かくち》の

小学校《しょうがっこう》をたずねたとき、かならずといってよいほどその学校《がっこう》の校長先生《こうちょうせんせい》から話題《わだい》にされておどろいた問題《もんだい》なのです。

「じつは……先日《せんじつ》も父母《ふぼ》からどなりこまれちゃって困《こま》ったんですけど……〈うちの子《こ》どもは学校《がっこう》で水《みず》は97℃で沸騰《ふっとう》するって教《おそ》わってきた。どうしてくれる〉っていうんですよ。どうも最近《さいきん》の先生方《せんせいがた》は実験《じっけん》もうまくできないんで……。ひとつ実験《じっけん》のやり方《かた》を指導《しどう》してやってくださいよ」というのです。

100℃にならない!

じっさい、学校《がっこう》で水《みず》を沸騰《ふっとう》させて、その中《なか》に温度計《おんどけい》をいれてその温度《おんど》をはかっても、なかなか100℃にはなりません。いくらか低目《ひくめ》の97℃ぐらいでとまってしまうのがふつうなのです。

そこで、自分《じぶん》たちで実験《じっけん》をやった子《こ》どもたちはこういうようになります。

「水《みず》は100℃で沸騰《ふっとう》するっていうけど、本当《ほんとう》は97℃で沸騰《ふっとう》するんだよね。だってぼくたちが実験《じっけん》したらそうなったんだもん」

これでは試験《しけん》のときなど困《こま》ってしまいます。「水《みず》の沸騰点《ふっとうてん》は100℃」と書《か》かないと点《てん》をひかれてしまうからです。そのことを知《し》っている要領《ようりょう》のよい子《こ》は、こういうようになります。「私《わたし》たちが学校《がっこう》で実験《じっけん》したら、水《みず》は97℃で沸騰《ふっとう》したけどさ、ほんとうは100℃で沸騰《ふっとう》するのよね。実験《じっけん》ってインチキなのね」

しかしこれも困《こま》ったことです。「実験《じっけん》ってインチキだ」ときめつけてしまったら、科学《かがく》というものの足場《あしば》がなくなってしまうからです。

いったい、こういうとき、私《わたし》たちはどうしたらよいのでしょうか。

それにはいくつかの方法《ほうほう》が考《かんが》えられます。ひとつは「学校《がっこう》ではこういうまぎらわしい実験《じっけん》はしないことにして、教科書《きょうかしょ》に書《か》いてあることをおぼえさせるだけにする」という方法《ほうほう》です。ずいぶんけしからぬ方法《ほうほう》と思《おも》われるかもしれませんが、これがいちばん現実的《げんじつてき》な方法《ほうほう》かもしれません。

もっとも、実験《じっけん》をやらなければテスト用《よう》の知識《ちしき》の混乱《こんらん》はふせげるにしても、やはり実用的《じつようてき》な知識《ちしき》の上《うえ》では困《こま》ります。多《おお》くの先生方《せんせいがた》が水《みず》の沸騰点《ふっとうてん》の実験指導《じっけんしどう》をうまくできなかったことがそれを示《しめ》しているともいえます。テスト用《よう》の知識《ちしき》だけではやはり役《やく》に立《た》たないのです。

それなら、実験《じっけん》してなおかつ混乱《こんらん》がおこらないようにするにはどうしたらよいでしょう。

それにはまず、先生方《せんせいがた》の実験技術《じっけんぎじゅつ》を向上《こうじょう》させたり、学校《がっこう》の実験設備《じっけんせつび》を改善《かいぜん》させたりすることが考《かんが》えられます。それなら、その場合《ばあい》、実験《じっけん》をどのように改善《かいぜん》したらよいのでしょうか。

私《わたし》たちがふつうの方法《ほうほう》で水《みず》の沸騰点《ふっとうてん》をはかっても、ちょうど100℃にならない理由《りゆう》は、大《おお》きくいって二《ふた》つにわけて考《かんが》えることができます。

その一《ひと》つは、「私《わたし》たちがふつうに実験《じっけん》するときのやり方《かた》では、水《みず》の沸騰《ふっとう》する温度《おんど》そのものが、100℃とかなりちがっているのかもしれない」ということです。そしてもう一《ひと》つは、「温度《おんど》そのものはほとんど100℃とかわらないにしても、その温度《おんど》のはかり方《かた》が不正確《ふせいかく》なのかもしれない」ということです。

私《わたし》たちがふつう実験《じっけん》に使《つか》う水《みず》は水道《すいどう》の水《みず》で、これは科学者《かがくしゃ》のいう純粋《じゅんすい》な水《みず》とはかなりちがいます。いろいろな不純物《ふじゅんぶつ》が水《みず》の中《なか》にまざっているのです。それに、部屋《へや》の中《なか》の気圧《きあつ》の変化《へんか》も考《かんが》えなくてはいけないのかもしれません。また、私《わたし》たちの使《つか》っている温度計《おんどけい》はあまり正確《せいかく》でないのかもしれませんし、沸騰《ふっとう》している水《みず》の中《なか》に温度計《おんどけい》をいれる〈いれ方《かた》〉もくふうしなくてはいけないのかもしれません。

じつは水《みず》の沸騰点《ふっとうてん》は、飲料水《いんりょうすい》になる程度《ていど》なら、少《すこ》しぐらいの不純物《ふじゅんぶつ》がはいっていてもほとんどかわりません(塩《しお》からい海水《かいすい》を沸騰《ふっとう》させても、その温度《おんど》は0・6℃ほど高《たか》くなるだけです)。気圧《きあつ》の変化《へんか》も、平地《へいち》でならたいした影響《えいきょう》をもたらしません。問題《もんだい》はほとんど温度《おんど》のはかり方《かた》にあるようです。

温度計《おんどけい》をどこまで湯《ゆ》にひたすか

さて、湯水《ゆみず》の温度《おんど》をはかるにはどのようにしたらよいのでしょうか。図《ず》A①のように温度計《おんどけい》の中《なか》の液柱《えきちゅう》が全部《ぜんぶ》湯水《ゆみず》の中《なか》につかるようにしなくてはいけないものでしょうか。それとも②のように、下《した》の「溜《た》め」の部分《ぶぶん》さえ湯水《ゆみず》につけて

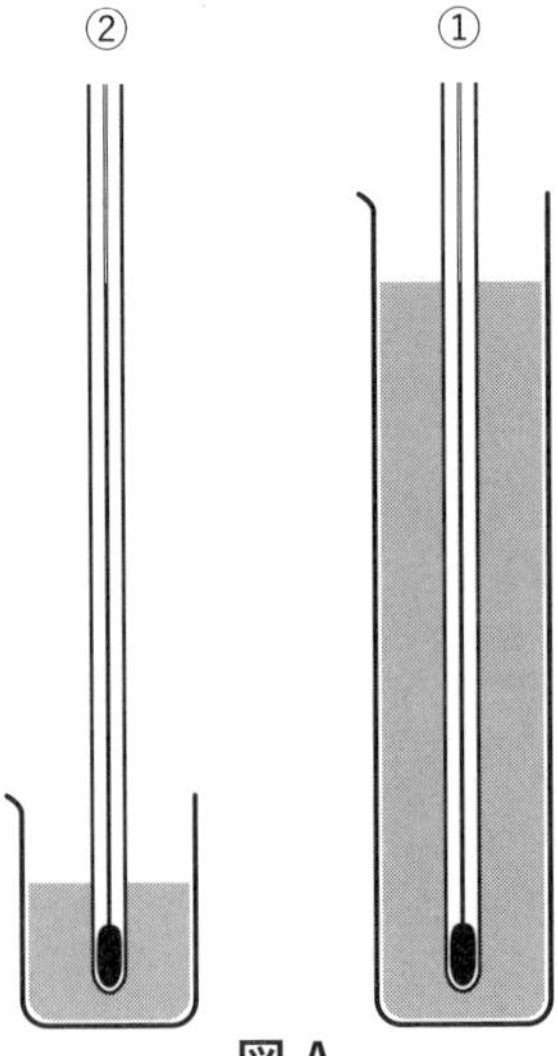

図A

おけばよいものでしょうか。あるいはまた、20℃くらいのところまで湯《ゆ》につけるのが正《ただ》しいはかり方《かた》でしょうか。

これは①のようにするのが正《ただ》しいのです。しかし学校《がっこう》で水《みず》の温度《おんど》をはかる時《とき》こうするのはたいへんです。温度計《おんどけい》の100℃の目《め》もりのところまで水《みず》の中《なか》につけこむようにするには、水《みず》の深《ふか》さを30センチ近《ちか》くにしなくてはならないからです。ふつうのビーカーなら、温度計《おんどけい》の目《め》もりの0℃か、せいぜい20℃ぐらいのところまでしか水《みず》の中《なか》につからないでしょう。

それなら、温度計《おんどけい》の液柱《えきちゅう》が水《みず》の外《そと》にとび出《で》ている場合《ばあい》、温度計《おんどけい》のよみはどれほどくるってしまうものでしょうか。

「アルコール温度計《おんどけい》」のばあいについて簡単《かんたん》に計算《けいさん》してみましょう。アルコールは1℃あがるごとにほぼ1000分《ぶん》の1膨張《ぼうちょう》します。ですから、100℃あがれば1000分《ぶん》の100、つまり1／10だけ膨張《ぼうちょう》する計算《けいさん》になります。つまり、B図《ず》の0℃から上《うえ》の部分《ぶぶん》（X）にある液《えき》の体積《たいせき》は、0℃より下《した》

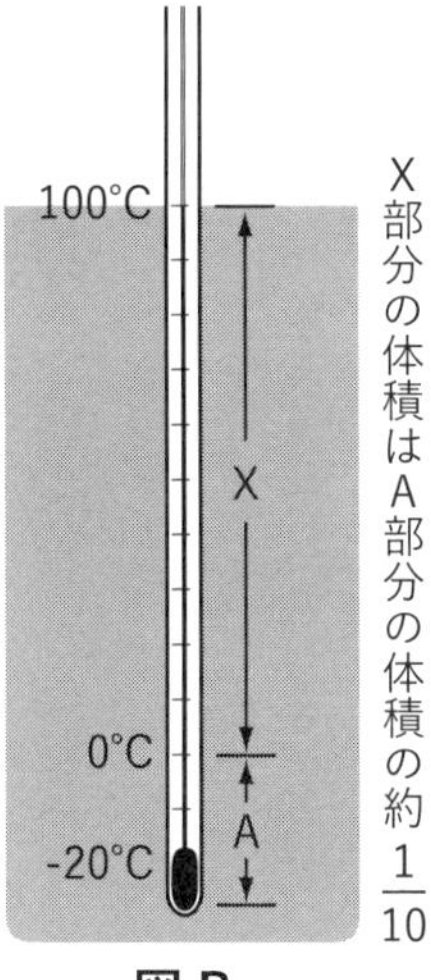

X部分の体積はA部分の体積の約1/10

図B

の部分《ぶぶん》（A）にある液《えき》の体積《たいせき》の１／10もあるのです。

そこで、もし、この温度計《おんどけい》をひき上《あ》げて、０℃のところが水面《すいめん》にくるようにしたら（図《ず》C）、どうなるでしょう。そのときの室温《しつおん》が20℃だとして、また計算《けいさん》してみましょう。

Xの部分《ぶぶん》の液《えき》は１００℃から20℃にまでひやされるわけですから、かなりちぢむことになります。80℃分《ぶん》さがるのですから、だいたい１０００分《ぶん》の１の80倍《ばい》、つまり１００分《ぶん》の８ほどちぢむわけです。

１００分《ぶん》の８といえば、１００℃の目《め》もりのうちの８度分《どぶん》です。つまりこんなふうにしてはかると、水《みず》の温度《おんど》がほんとうに１００℃になっていても、温度計《おんどけい》の目《め》もりは92℃にしかならないというわけです。

しかし、じっさいにはこんなに大《おお》きなくいちがいがでることはほとんどありません。それは、水《みず》がはげしく沸騰《ふっとう》しているときには、水面《すいめん》からどんどん温度《おんど》１００℃の水蒸気《すいじょうき》がでてくるので、温度計《おんどけい》の水面《すいめん》の上《うえ》にとびでている部分《ぶぶん》の温度《おんど》が20℃のままということはほとんどないからです。そのことは、温度計《おんどけい》の上《うえ》の方《ほう》を手《て》で持《も》って支《ささ》えていると、水蒸気《すいじょうき》のために熱《あつ》くて持《も》ってい

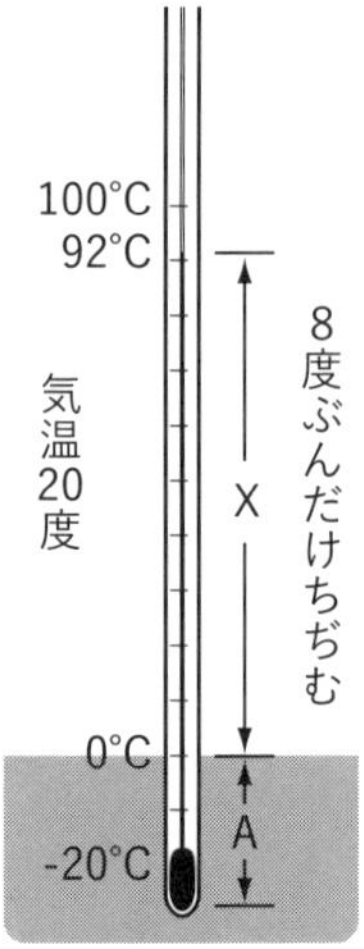

図C

られなくなることでもわかります。

こうして水面《すいめん》の上《うえ》にとびでている部分《ぶぶん》の温度計《おんどけい》の液《えき》の温度《おんど》が、平均《へいきん》して70℃ぐらいになっていれば、液《えき》は100℃のときとくらべて、その差《さ》30℃分《ぶん》だけちぢみ、97℃をさすことになります。ふつう学校《がっこう》でやる実験《じっけん》は、こんなふうになっているといってよいでしょう（私《わたし》は寒《さむ》い地方《ちほう》の先生《せんせい》から、「寒《さむ》い教室《きょうしつ》でやっとのことで水《みず》を沸騰《ふっとう》させたが、温度計《おんどけい》の目《め》もりが92℃までしか上《あ》がらないで困《こま》った」という話《はなし》もきいています）。

予想《よそう》をたててから実験《じっけん》

さあ、これで私《わたし》たちが水《みず》の沸騰点《ふっとうてん》をはかると100℃にはならず、2〜3℃ほど低《ひく》い温度《おんど》になってしまう理由《りゆう》がわかりました。

しかしです。私《わたし》はなにも、「これから水《みず》の沸騰点《ふっとうてん》をはかる実験《じっけん》をするときには、以上《いじょう》のような点《てん》に注意《ちゅうい》して正確《せいかく》に実験《じっけん》するようにしなければならない」といっているわけではありません。

水《みず》の沸騰点《ふっとうてん》を正確《せいかく》にはかるには、このほかいろいろ注意《ちゅうい》しなくてはならないことがあります。そこで専門家《せんもんか》は、下《した》の図《ず》のような特別《とくべつ》な装置《そうち》を使《つか》って、水《みず》の沸騰《ふっとう》するときに出《で》る水蒸気《すいじょうき》の温度《おんど》を調《しら》べているのです。

こういうことのすべてについて注意《ちゅうい》をはらいながら実験《じっけん》をするのは、子《こ》どもたちにも先生方《せんせいがた》にも、荷《に》がおもすぎます。私《わたし》はここでこういいたいだけなのです。

「どんな実験《じっけん》にも誤差《ごさ》がつきものだということを忘《わす》れてはいけない。かんたんな実験道具《じっけんどうぐ》を使《つか》って大《おお》まかな実験《じっけん》をやるのなら、はじめからそれに応《おう》じて大《おお》まかな結果《けっか》しか出《で》ないということを頭《あたま》にいれて実験《じっけん》をするようにしないといけない」

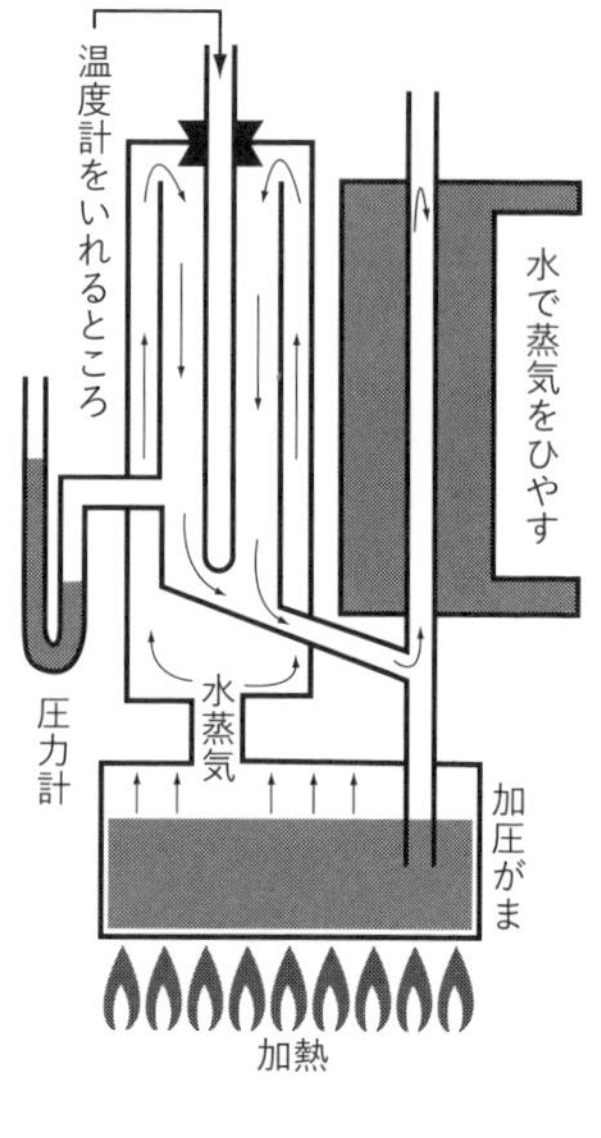

ですから、私《わたし》ならこの実験《じっけん》をやるとき、つぎのようにやります。実験《じっけん》の前《まえ》に、実験結果《じっけんけっか》につ

いてのみんなの予想《よそう》をきいておくのです。

〔問題《もんだい》〕科学者《かがくしゃ》たちは、水《みず》の沸騰《ふっとう》する温度《おんど》を100℃ときめています。そこで私《わたし》たちの使《つか》っている温度計《おんどけい》の目《め》もりも、沸騰《ふっとう》している水《みず》の中《なか》にいれたら100℃をさすように作《つく》られているわけです。

ほんとうにそうなっているかどうか、私《わたし》たちも確《たし》かめてみることにしましょう。温度計《おんどけい》の目《め》もりをきめている人《ひと》は特別《とくべつ》な装置《そうち》をつかって温度計全体《おんどけいぜんたい》が100℃の水蒸気《すいじょうき》にふれるようにして実験《じっけん》するのですが、私《わたし》たちにはそんな道具《どうぐ》はないので、沸騰《ふっとう》している水《みず》の中《なか》に温度計《おんどけい》をいれただけでしらべることにします。そんな簡単《かんたん》なはかり方《かた》でも、温度計《おんどけい》の目《め》もりはだいたい100℃になるでしょうか。

ア．ぴったり100℃になるだろう。

イ．2～3℃くらいのちがいはしかたがない。

ウ．5～10℃近《ちか》くいちがいができるだろう。

こういう予想《よそう》をたてさせてから実験《じっけん》をやれば、実験《じっけん》の結果《けっか》、温度計《おんどけい》の目《め》もりが97℃や98℃になっても、子《こ》どもたちは、「わあ、ぼくたちの実験《じっけん》でもよくあうなあ、たいしたものだ」と思《おも》うでしょう。おなじ97℃になる実験《じっけん》を見《み》せるのでも、子《こ》どもたちに結果《けっか》の予想《よそう》をたてさせてからやると、その意味《いみ》がまるでちがってくるのです。実験《じっけん》の前《まえ》に予想《よそう》をたててから実験《じっけん》の結果《けっか》を見《み》ることにすると、はじめから実験誤差《じっけんごさ》のことが気《き》になるので、おなじ実験《じっけん》でも見《み》え方《かた》が大《おお》きく変《か》わってくるわけです。

もう一《ひと》つ問題《もんだい》をだしましょう。

〔問題《もんだい》〕水《みず》は100℃で沸騰《ふっとう》しますが、アルコールや灯油《とうゆ》は何度《なんど》ぐらいで沸騰《ふっとう》すると思《おも》いますか。

——というものです。ただ何度《なんど》ぐらいといっても困《こま》るでしょうから、「ちょうど100℃ぐらいで沸騰《ふっとう》する」か、それとも「100℃よりかなり低《ひく》い温度《おんど》で沸騰《ふっとう》する」か、「100℃よりかなり高《たか》い温度《おんど》にならないと沸騰《ふっとう》しない」か、予想《よそう》をたててみてください。

「アルコールだって水《みず》とおなじようなものだから、やっぱり100℃かな」

「いや、アルコールも灯油《とうゆ》も水《みず》とちがって燃《も》えるから、100℃より低《ひく》いよ」など、いろいろ考《かんが》え方《かた》がありますね。

この問題《もんだい》は優等生型《ゆうとうせいがた》の人《ひと》のほうがまちがえるようです。まずアルコールですが、78℃ぐらいで沸騰《ふっとう》します。水《みず》よりもかなり低温《ていおん》だというわけです。この結果《けっか》を知《し》ると、たいていの人《ひと》は灯油《とうゆ》も100℃以下《いか》で沸騰《ふっとう》すると思《おも》いますが、そうではありません。灯油《とうゆ》は200℃以上《いじょう》にならないと沸騰《ふっとう》しないのです。

100℃でも沸騰《ふっとう》しないアルコール温度計《おんどけい》の液《えき》

それではもう一《ひと》つ問題《もんだい》をだします。

〔問題《もんだい》〕現在《げんざい》、ふつう「アルコール温度計《おんどけい》」とか「水銀温度計《すいぎんおんどけい》」といわれている温度計《おんどけい》の中《なか》に入《はい》っている液《えき》は、なんでしょうか。

――というものです。

「もちろん、アルコールと水銀《すいぎん》でしょ」

とたいていの人《ひと》はけげんな顔《かお》をして答《こた》えることでしょう。

しかしです。「焼《や》き鳥《とり》」といっても鳥《とり》とはかぎらず、豚《ぶた》の内臓《ないぞう》であったりする世《よ》の中《なか》です。言葉《ことば》だけで考《かんが》えては失敗《しっぱい》することもないではありません。

「そうだと思《おも》ったんだ。わざわざこんなばからしい問題《もんだい》をだすところをみると、くさいな、と思《おも》っていたんだ」という人《ひと》もあるでしょう。しかし、「だけど、この場合《ばあい》はアルコールにまちがいない」という人《ひと》もあることでしょう。いろんな本《ほん》にはちゃんと温度計《おんどけい》はアルコールや水銀《すいぎん》で作《つく》ると書《か》いてあるからです。たとえば、小野《おの》周《しゅう》『温度《おんど》とは何《なに》か』（岩波科学《いわなみかがく》の本《ほん》１９７４年《ねん》版《ばん》）にも、現在使《げんざいつか》われているアルコール温度計《おんどけい》にはアルコールがはいっているように書《か》いてあります。あなたの手《て》もとにある百科事典《ひゃっかじてん》などにはどう書《か》いてあるか、しらべてください。

しかし、考《かんが》えてみてください。いま一般《いっぱん》に売《う》られている「アルコール温度計《おんどけい》」は１０５℃まではかれるものがふつうです。中身《なかみ》がほんとうにアルコールだとしたら、１０５℃までのうちに中《なか》の液《えき》が沸騰《ふっとう》してしまうはずではありませんか。

じっさい物理学《ぶつりがく》の入門書《にゅうもんしょ》などには、ちゃんと「アルコールは78℃で沸騰《ふっとう》してしまうから、50℃くらいまでしか使《つか》えない。高《たか》い温度《おんど》をはかるには水銀温度計《すいぎんおんどけい》を使《つか》わなければならない」と書《か》いてあるのがふつうなのです。

いったいこれはどうしたことでしょう。いまのアルコール温度計《おんどけい》は、なにかのしかけがしてあって、ふつうなら78℃で沸騰《ふっとう》してしまうのを、沸騰《ふっとう》しないようにすることに成功《せいこう》しているのでしょうか。それとも、おなじアルコールといっても、ふつうのアルコール（エチルアルコール）でない高級《こうきゅう》アルコール（?）などを使《つか》っているのでしょうか。

じつは、私《わたし》もこの問題《もんだい》にはだいぶ困《こま》りました。いろいろの本《ほん》をあたってみても、ちゃんと書《か》いてないからです。

そういえば、ある私立中学校《しりつちゅうがっこう》の入学試験問題《にゅうがくしけんもんだい》の中《なか》に、こういう問題《もんだい》があったそうです。

> 温度計《おんどけい》の中《なか》の赤《あか》い液《えき》をとって水《みず》の中《なか》に入《い》れたところ、水《みず》とまじらないで水《みず》の上《うえ》に浮《う》くことがわかった。この赤《あか》い液《えき》は次《つぎ》のどれだと考《かんが》えられるか。
>
> アルコール　石油《せきゆ》　水《みず》

アルコールなら水《みず》とよくまざります。石油《せきゆ》なら水《みず》の上《うえ》に浮《う》きます。この正答《せいとう》は石油《せきゆ》なのです。じつは、今日《こんにち》「アルコール温度計《おんどけい》」とよばれている温度計《おんどけい》のなかにはいっている液《えき》はアルコールではなく灯油《とうゆ》（ケロシン）なのです。つまり、今日《こんにち》の「アルコール温度計《おんどけい》」は「灯油温度計《とうゆおんどけい》」なのです。

そのことをたしかめるには、この問題《もんだい》のような実験《じっけん》をしてみればよいのですから簡単《かんたん》です。アルコール、いや灯油温度計《とうゆおんどけい》の不良品《ふりょうひん》があったら、一度実験《いちどじっけん》してみてください。

温度計《おんどけい》を折《お》っただけでは、中《なか》の液《えき》はなかなかでてきません。ふってもだめです。それならこの液《えき》をとりだすにはどうしたらよいでしょう。じつは折《お》った温度計《おんどけい》の液溜《えきだ》めの部分《ぶぶん》をじかにマッチやライターの火《ひ》で熱《ねっ》してやれば、すぐに２００℃以上《いじょう》にもなって液《えき》がふきでてくるのです。その液《えき》を水《みず》の中《なか》に入《い》れてください。

ここではじめの話題《わだい》にかえりましょう。

じつは、水《みず》の沸騰点《ふっとうてん》をはかるには、正真正銘《しょうしんしょうめい》のアルコール温度計《おんどけい》は使《つか》えません。そこで、昔《むかし》は水銀温度計《すいぎんおんどけい》を使《つか》っていたのです。それが近《ちか》ごろ「アルコール温度計《おんどけい》と称《しょう》する灯油温度計《とうゆおんどけい》」が売《う》りだされて、１０５℃まではかれるようになったものですから、学校《がっこう》での実験《じっけん》はほとんど安価《あんか》な灯油温度計《とうゆおんどけい》を使《つか》って行《おこ》なわれるようになりました。

ところが、水銀温度計《すいぎんおんどけい》と灯油温度計《とうゆおんどけい》では、温度計《おんどけい》の中《なか》の液《えき》が水面《すいめん》の上《うえ》にとびでているときの誤差《ごさ》がまるでちがうのです。灯油《とうゆ》の場合《ばあい》はアルコールの場合《ばあい》とほとんど同《おな》じで、49ページのB図《ず》で温度計《おんどけい》のAの部分《ぶぶん》(0℃以下《いか》の部分《ぶぶん》)の体積《たいせき》とくらべてXの部分《ぶぶん》の体積《たいせき》は1/10もありましたが、水銀《すいぎん》の場合《ばあい》は100分の1・8ほどしかありません。そこで温度計《おんどけい》の0℃の目《め》もりより下《した》の部分《ぶぶん》だけが100℃の水《みず》につかっていて、上《うえ》の部分《ぶぶん》が20℃しかないときでも、水銀温度計《すいぎんおんどけい》なら1・5度《ど》くらいの誤差《ごさ》しか生《しょう》じないのです。

つまり、この実験《じっけん》、昔《むかし》は水銀温度計《すいぎんおんどけい》を使《つか》っていたためにほとんど誤差《ごさ》がなかったのに、今《いま》はにせのアルコール温度計《おんどけい》、つまり灯油温度計《とうゆおんどけい》を使《つか》うようになって、いちじるしい誤差《ごさ》を生ずるようになったというわけです。こう考《かんが》えてみれば、昔《むかし》の先生《せんせい》より今《いま》の先生《せんせい》のほうが実験《じっけん》べたになったわけではないことがわかります。

〔付記〕本文中《ほんぶんちゅう》に、「平地《へいち》でなら、気圧《きあつ》の変化《へんか》は水《みず》の沸騰点《ふっとうてん》に影響《えいきょう》することはほとんどない」という意味《いみ》のことを書《か》きましたが、台風《たいふう》のときなどで、気圧《きあつ》がうんとさがれば影響《えいきょう》がでます。中心気圧《ちゅうしんきあつ》が９６０〜９８９ヘクトパスカル（１気圧《きあつ》は１０１３・３ヘクトパスカル）ぐらいのものが「なみの台風《たいふう》」で９３０〜９５９ヘクトパスカルぐらいのものが「強《つよ》い台風《たいふう》」といえるそうですが、気圧《きあつ》が９７８ヘクトパスカルになると水《みず》の沸騰点《ふっとうてん》は99℃になり、９４３ヘクトパスカルになると98℃にさがります。

また台風《たいふう》でなくても、海抜数百《かいばつすうひゃく》メートルもある高地《こうち》ではいつも気圧《きあつ》が低《ひく》いので、水《みず》の沸騰点《ふっとうてん》がかなり低《ひく》くなるので注意《ちゅうい》を要《よう》します。

すなわち海抜《かいばつ》２８５メートルほどのところで水《みず》の沸騰点《ふっとうてん》は99℃になり、海抜《かいばつ》５７５メートルほどだと98℃、８５６メートルほどだと97℃で沸騰《ふっとう》するようになります。長野県《ながのけん》の長野市《ながのし》は海抜約《かいばつやく》４２０メートル、松本市《まつもとし》は約《やく》６１０メートルのところにあるので、これらの都市《とし》での水《みず》の沸騰点《ふっとうてん》は１００℃より１・５℃から２・１℃ほども低《ひく》いのです。そういう高《たか》い土地《とち》にある学校《がっこう》では、「この地方《ちほう》では気圧《きあつ》が低《ひく》いので、水《みず》は○○℃ぐらいで沸騰《ふっとう》する」と教《おし》えてほしいものです。

タンポポのたねをまいてみませんか

――人間《にんげん》の管理下《かんりか》にない自然《しぜん》の姿《すがた》――

あなたのまわりには、いまタンポポの花《はな》が咲《さ》いていますか。

タンポポは春《はる》の花《はな》だといいますが、春《はる》になっていっせいに咲《さ》いたあとも、夏《なつ》から秋《あき》にかけて長《なが》い間《あいだ》咲《さ》きつづけるのがふつうのようです。東京《とうきょう》では、12月《がつ》や1月《がつ》になっても、タンポポの咲《さ》いているのを見《み》かけることがあるくらいです。

タンポポはかわいらしくてきれいで、それでいてとっても強《つよ》くて、自分《じぶん》の家《いえ》に庭《にわ》がなかったり、近《ちか》くに野原《のはら》がなくても日本中《にほんじゅう》でかんたんに見《み》ることができ、自分《じぶん》のものとする（?）ことさえできます。日本《にほん》の植物《しょくぶつ》でこ

んなに大衆性《たいしゅうせい》のある植物《しょくぶつ》はほかにないのではないかと思《おも》うのですがどうでしょう。もしあなたの家《いえ》のすぐ近《ちか》くにタンポポがないようでしたら、この際《さい》タンポポのたねをまいてみたらいかがでしょう。

タンポポのたねはどんなもの？

「タンポポのたねはどこでわけてもらえばいいか」ですって？なにもだれかにわけてもらう必要《ひつよう》なんかありません。散歩《さんぽ》のついでなどに、どこかからとってくればよいのです。

タンポポのたねがどんなものか、ごぞんじない方《かた》もあるといけませんから、教《おし》えてあげましょう。

写真《しゃしん》を見《み》てください。この直径《ちょっけい》3～5センチぐらいの綿毛《わたげ》の球《たま》のような形《かたち》をしたもの――これがタンポポの実《み》なのです。「ああ、これなら見《み》たことがある」という人《ひと》もいることでしょう。

タンポポの実（写真:西川浩司）

この綿毛《わたげ》の球《たま》のようなものを手《て》にもって少《すこ》し強《つよ》く息《いき》をふきかけると、パラシュートのようなかわいらしい毛《け》のついたたねが、つぎつぎととびちります。これがタンポポのたねであることも知《し》らずに、野原《のはら》などでこのパラシュートをとびちらせてあそんだことのある人《ひと》も、少《すく》なくないでしょう。

このタンポポの実《み》は、よく晴《は》れた日《ひ》でないと写真《しゃしん》のようにみごとに開《ひら》きません。夜やくもった日《ひ》には閉《と》じているので目《め》だちませんが、天気《てんき》のいい日《ひ》ならかなりよく目《め》につきます。市街地《しがいち》では見《み》つけにくかったら、少《すこ》し野原《のはら》のあるところにでも散歩《さんぽ》にでて、さがしてみたらどうでしょう。近《ちか》くでタンポポの花《はな》が咲《さ》いたのを見《み》たことがあれば、その花《はな》の咲《さ》いたあとには必《かなら》ずこの実《み》がなるはずですから、きっとどこでもさがせるはずです。

本当《ほんとう》にこれがたねだろうか

もしかすると、「しかし……本当《ほんとう》にこれがタンポポのたねだろうか」と首《くび》をかしげる人《ひと》がいるかもしれません。まことにもっともです。疑《うたが》いは科学《かがく》の父《ちち》です。そこでみんなでこんな実験《じっけん》をしてみることにしましょう。

まず、おさらに脱脂綿《だっしめん》をうすくしいて水《みず》をふくませます。それからその上《うえ》に例《れい》のパラシュートをいくつかばらまいておくのです。こうしておいて、もしも芽《め》がでるのなら、これはたしかにたねであることがたしかめられるというものです。たいていのたねは、こうして何日《なんにち》かおいておくと、水《みず》をすって芽《め》をだします。例《れい》のパラシュートがタンポポのたねであることに疑問《ぎもん》をおもちでない方《かた》も、ひとつやってみてください。タンポポのたねからは、どんなふうにしてどんな芽《め》がでてくるのか、たのしみなものですから。

タンポポのたねから最初《さいしょ》にでてくる葉《は》は、ふつう私《わたし》たちがみるタンポポの葉《は》のようにぎざぎざがあるでしょうか。何日《なんにち》ぐらいしたら芽《め》がでてくるでしょうか。家族《かぞく》そろってたねまきをやってみたらどうでしょう。

私《わたし》のまいたタンポポのたねは数日《すうじつ》のうちに芽《め》をだしました。パラシュートの毛《け》をつけたまま芽《め》をだした姿《すがた》は、これがたしかにタンポポのたねであることを証明《しょうめい》してくれました。

その最初《さいしょ》にでてきた葉《は》は長《なが》さ2センチほどの長円形《ちょうえんけい》のかわいらしい双葉《ふたば》で、私《わたし》たちが知《し》っているタンポポの葉《は》特有《とくゆう》のぎざぎざはありません。タンポポも、アサガオや大根《だいこん》など大部分《だいぶぶん》の植物《しょくぶつ》と同《おな》じように、最初《さいしょ》は双葉《ふたば》がでてきて、それから本葉《ほんば》がでてくるのです。

私《わたし》たちは、ふだんいろいろのものを見《み》すごして生活《せいかつ》しています。タンポポだって、花《はな》がさけばそのときだけ「あっ、かわいらしい花《はな》がさいたな」と思《おも》ったりしますが、そんなとき以外《いがい》はそこにタンポポがはえていたことも気《き》づかないいし、忘《わす》れてしまいます。

しかし、一度《いちど》タンポポのたねを芽生《めば》えさせてみると、これまで見《み》すごしてきたり考《かんが》えてもみなかったタンポポの一生《いっしょう》が、思《おも》いやられるようにもなります。とくに自然破壊《しぜんはかい》が大《おお》きく問題《もんだい》になっている今日《こんにち》、たまにはそういうことを考《かんが》えてみるのもいいのではないでしょうか。私《わたし》もそんなつもりでこんな話題《わだい》をとりあげたというわけです。

栽培植物《さいばいしょくぶつ》なら、草花《くさばな》のたねをまいたり球根《きゅうこん》を花壇《かだん》にうえたりしてその生長《せいちょう》をたのしみにしている人々《ひとびと》は少《すく》なくありません。学校《がっこう》でもそういう作業《さぎょう》をさせます。しかし、よほど植物《しょくぶつ》ずきな

タンポポのたねの発芽（写真：榎本昭次）

人《ひと》でも、自然《しぜん》の中《なか》で生《い》きている野生《やせい》の植物《しょくぶつ》のたねをまいたり、その生長《せいちょう》の様子《ようす》を見守《みまも》る人《ひと》は、まったくというほどいません。学校《がっこう》でもふつう、そういうことを教《おし》えません。しかし、たまには、私《わたし》たち人間《にんげん》の管理下《かんりか》にない自然《しぜん》の姿《すがた》に心《こころ》を向《む》けるのもいいのではないでしょうか。そのためにタンポポのたねを芽生《めば》えさせて、その一生《いっしょう》について考《かんが》えてみるのもよいではないかと思《おも》うのです。

野生《やせい》のタンポポの生《い》きる姿《すがた》

それなら、野生《やせい》のタンポポはどのように生《い》きているのか、ひとつ、ふえかただけでも考《かんが》えてみようではありませんか。

タンポポのたねには、どうしてパラシュートのような毛《け》がついているのでしょうか。――これはすぐ想像《そうぞう》できますね。このパラシュートがあるために、タンポポのたねは風《かぜ》にのって遠《とお》くの方《ほう》にまでとんでいけるのです。

いちど、タンポポの実《み》を手《て》にとって強《つよ》くふいてたねをとばしてみてごらんなさい。そして、とくによくとんだ一《ひと》つのパラシュートがどのようにとんでいくかをみまもってみましょう。少《すこ》し風《かぜ》のあるときなど、とても高《たか》く遠《とお》くまでとんでいくのにおどろかされたりするでしょう。なかなかたのしいものですから、ぜひ一度《いちど》やってごらんになるとよいと思《おも》います。タンポポがあまり見《み》られないところにもってきてやれば、これも立派《りっぱ》なたねまきということにもなります。

人間《にんげん》が息《いき》を吹《ふ》きかけるときはその風《かぜ》はすぐにとまってしまいますが、自然《しぜん》の風《かぜ》がタンポポの実《み》を散《ち》らすときは、大《だい》なり小《しょう》なりその風《かぜ》はふきつづけるでしょう。ですから、タンポポのたねはかなり遠《とお》くまでとんでいきます。

さらに、よく注意《ちゅうい》してみると、タンポポの実《み》のついた茎《くき》は花《はな》のときよりもずっと長《なが》くなっています。その点《てん》でも、タンポポのたねは、風《かぜ》にふかれて遠《とお》くまでとんでいくのにべんりなようにできているのです。タンポポは花《はな》と実《み》が同《おな》じ時期《じき》につくこともめずらしくありませんから、

実のついた茎は花のついた茎よりずっと長い

一度《いちど》花《はな》のついた軸《じく》と実《み》のついた軸《じく》の長《なが》さをくらべてみるとよいと思《おも》います。

タンポポのパラシュートはどこかの地面《じめん》におちると、それからどうなるでしょうか。——よく舗装《ほそう》された道路《どうろ》などにおちたのなら、また風《かぜ》がふいたときなどに地面《じめん》の上《うえ》を流《なが》されていったり、またとばされていくでしょう。そして、どこかひっかかりのあるところでとまることになります。タンポポのたねを少《すこ》し注意《ちゅうい》してみてごらんなさい。とげのようなものがいくつも突《つ》きでていて、ちょっとした土《つち》のデコボコしたところにひっかかりやすいようにできています。

土《つち》の上《うえ》にひっかかったタンポポのたねは、雨《あめ》にあって適当《てきとう》なしめり気《き》を得《え》れば、私《わたし》たちが脱脂綿《だっしめん》の上《うえ》で実験《じっけん》するのと同《おな》じように芽《め》をだし、生長《せいちょう》をはじめます。もっとも、一度《いちど》芽《め》を出《だ》しても、足《あし》でふまれたり、土地《とち》がかわききってしまえば枯《か》れてしまいます。うまいこと人《ひと》にもふまれず、水枯《みずが》れにもならなかったタンポポだけが、少《すこ》しずつ生長《せいちょう》し、年《とし》をこして来年《らいねん》の春《はる》から花《はな》をさかせるのです。

まちのなかでは、道路《どうろ》の片《かた》すみの舗装部分《ほそうぶぶん》がこわれたところや、石《いし》だんのすきまなどにタンポポがはえているのがよく目《め》につきます。そんなところなら人《ひと》の足《あし》に踏《ふ》まれることもないので、ぶじ生長《せいちょう》できるのでしょう。それにしても、タンポポはなんとせまい土地《とち》にもはえる強《つよ》い植物《しょくぶつ》なのでしょう。ほんのすこしのすきまさえあれば無事《ぶじ》生《い》きながらえているその姿《すがた》をみると、びっくりすることがあります。

じつは、これはタンポポの根《ね》の性質《せいしつ》と深《ふか》い関係《かんけい》があります。タンポポの根《ね》はごぼうのように長《なが》く、下《した》へ下《した》へと伸《の》びる性質《せいしつ》があるのです。ですから一度下《いちどした》のほうまでのびてしまえば、地面《じめん》の下《した》の方《ほう》からでも水分《すいぶん》をあつめることができます。そこで、ふつうの雑草《ざっそう》よりずっとせまいところでも生《い》きつづけることができるというわけです。機会《きかい》があったら一度《いちど》タンポポの根《ね》を掘《ほ》ってどのくらい長《なが》いかしらべてごらんになるとよいと思《おも》います。私自身《わたしじしん》はいつも途中《とちゅう》で最後《さいご》まで掘《ほ》りとる根気《こんき》を失《うしな》ってしまいましたが……。

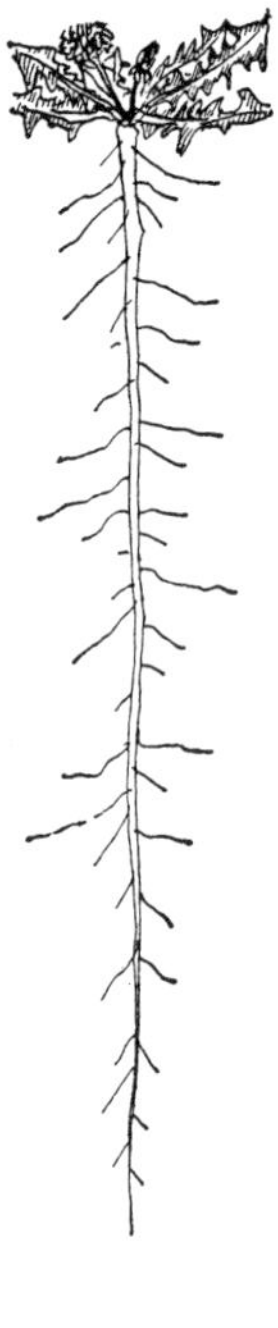
地中深く伸びるタンポポの根

さて、このタンポポの根《ね》は長《なが》いばかりでなく、その強《つよ》さも大《たい》したものです。タンポポの根《ね》を全部掘《ぜんぶほ》りそこなっても、その根《ね》をすてずにこんな実験《じっけん》をやってみてください。タンポポの根《ね》を長《なが》さ1~2センチに切《き》って土《つち》のなかにうめておくのです。そうすると間《ま》もなく葉《は》をだし、根《ね》を出《だ》してきます。

これぐらいの根でも芽を出します

こんな根《ね》だけで芽《め》をだす植物《しょくぶつ》は他《ほか》にほとんどないそうです。一度《いちど》根《ね》をはったタンポポは、強《つよ》くふまれて葉《は》を全部《ぜんぶ》とられても、また芽《め》を出《だ》す強《つよ》さをもっているのです。

タンポポは何日間《なんにちかん》咲《さ》く?

タンポポには、もっともっと話題《わだい》があります。ここに2、3の問題《もんだい》を出《だ》しておきましょう。

〈問題《もんだい》1〉タンポポは春《はる》から長《なが》い間《あいだ》咲《さ》きつづけますが、一《ひと》つの花《はな》は何日《なんにち》ぐらい咲《さ》きつづけるものでしょうか。

ア．一日《いちにち》だけ　イ．二日《ふつか》　ウ．三《さん》〜五日《ごにち》　エ．1週間以上《しゅうかんいじょう》

タンポポの花《はな》は夕方《ゆうがた》になると閉《と》じてしまいます。けれどもつぎの日《ひ》にもう一度《いちど》だけ開《ひら》くのがふつうです。つまり、二日間《ふつかかん》だけ咲《さ》くのです。よく注意《ちゅうい》すると、一日目《いちにちめ》の花《はな》か二日目《ふつかめ》の花《はな》かの

区別《くべつ》もつくようになります。一日目《いちにちめ》の花《はな》はまわりの花《はな》びらだけが開《ひら》いて、なかの方《ほう》はまだ開《ひら》いていないのに、二日目《ふつかめ》の花《はな》は全部《ぜんぶ》の花《はな》びらが開《ひら》きます。

〔問題《もんだい》2〕タンポポの花《はな》がしぼんでから、実《み》が開《ひら》くまで、何日《なんにち》ぐらいかかるでしょう。

一《ひと》つの花《はな》の軸《じく》にリボンでもつけておいてしらべるとよいでしょう。家族《かぞく》で予想《よそう》をだしあって当《あ》てっこしたらどうでしょう。時期《じき》によってちがうかもしれません。

〔問題《もんだい》3〕たねから芽生《めば》えたタンポポは次《つぎ》の年《とし》になって花《はな》を咲《さ》かせますが、そのタンポポはその年《とし》のうちにかれてしまうのでしょうか。それともつぎの年《とし》、そのつぎの年《とし》にも生《い》きていて花《はな》を咲《さ》かせるでしょうか。

タンポポは何年《なんねん》も生《い》き続《つづ》け、根《ね》も葉《は》も大《おお》きくなり、たくさんの花《はな》をさかせるようになります。

西洋《せいよう》からきたタンポポと昔《むかし》から日本《にほん》にあるタンポポ

さて、この話《はなし》はそろそろおわりです。天気《てんき》がよかったら、ぜひタンポポの実《み》さがしに出《で》かけてください。そしてそこらじゅうにタンポポの実《み》をまいてみるとよいと思《おも》います。

ところで、その際《さい》、もう一《ひと》つぜひ知《し》っていていてほしいことがあります。それは、一口《ひとくち》にタンポポといっても、タンポポにもいろんな種類《しゅるい》があるということです。ですから、同《おな》じタンポポの実《み》をまくのでも、とくにふやしてやりたいタンポポの種類《しゅるい》のたねを優先的《ゆうせんてき》にまいてやったらどうだろうか、というのです。

それなら、日本《にほん》に何種類《なんしゅるい》ぐらいのタンポポがあるのでしょうか。私《わたし》はその方面《ほうめん》の専門《せんもん》の研究者《けんきゅうしゃ》でないのでよくはわかりませんが、ものの本《ほん》によると20種類《しゅるい》ぐらいあるということです。

なかにはシロバナタンポポといって白《しろ》い花《はな》のタンポポもあります。タンポポといえば黄色《きいろ》にきまっていると思《おも》っている人《ひと》は、「そんなのまでタンポポとよぶのは不当《ふとう》だ」というかも知《し》れません。しかし、九州《きゅうしゅう》などでは白《しろ》い花《はな》のタンポポばかり目《め》について、「タンポポといえば白《しろ》にきまっている」と思《おも》って育《そだ》った人《ひと》もいるというのですから、自分《じぶん》の考《かんが》えをそう簡単《かんたん》に人《ひと》におしつけるわけにはいきません。

私《わたし》たちがふつうタンポポとよんでいるのは、キク科《か》のなかのタンポポ属《ぞく》の植物《しょくぶつ》です。他《ほか》のキク科《か》の植物《しょくぶつ》がみな1本《ぽん》の茎《くき》の先《さき》にたくさんの「花《はな》」をつけるのに、タンポポ属《ぞく》の仲間《なかま》はみな一《ひと》つの「花《はな》」をつけるので、すぐ区別《くべつ》できます。シロバナタンポポもその点《てん》まったく同《おな》じなのです（ただし、ヤナギタンポポとかフタマタタンポポとかいうのは花《はな》の軸《じく》が枝《えだ》わかれしていて、タンポポ属《ぞく》の植物《しょくぶつ》ではありません）。

シロバナタンポポは関西《かんさい》や四国《しこく》、九州《きゅうしゅう》にはごくふつうにあるそうですが、東京《とうきょう》ではほとんどみられません。そこで東京《とうきょう》で白《しろ》い花《はな》のタンポポをみつけたら、とくにふやしてやるのもおもしろいことかもしれません。

シロバナタンポポのほか、日本《にほん》に昔《むかし》からあるタンポポにはカントウタンポポとかカンサイタンポポ、エゾタンポポなど、主《しゅ》として地域《ちいき》によってちがう種類《しゅるい》のタンポポが20種近《しゅちか》くあるということです。しかしシロバナタンポポをのぞいて、それらの在来種《ざいらいしゅ》のタンポポの種類《しゅるい》は、私《わたし》もほとんど区別《くべつ》がつかないくらい似《に》ています。

けれども、明治以後日本《めいじいごにほん》に伝《つた》わってきたというヨーロッパ原産《げんさん》のセイヨウタンポポやアカミタンポポ（赤《あか》い実《み》の意《い》）には、昔《むかし》から日本《にほん》にあったタンポポとすぐに区別《くべつ》できるはっきりした特徴《とくちょう》があります。

　タンポポのつぼみは緑色《みどりいろ》の総包《そうほう》というものに包《つつ》まれていますが、この総包《そうほう》の形《かたち》が日本《にほん》の在来種《ざいらいしゅ》とセイヨウタンポポやアカミタンポポとでははっきりとちがうのです。下《した》の図《ず》をみてください。

　このセイヨウタンポポは明治時代《めいじじだい》の末《すえ》に北海道《ほっかいどう》に入《はい》ってきたといいます。『日本帰化《にほんきか》植物図鑑《しょくぶつずかん》』（長田武正《おさだたけまさ》著《ちょ》、北隆館《ほくりゅうかん》・1962年《ねん》）という本《ほん》には、「本種《ほんしゅ》はすでに1904年《ねん》（明治《めいじ》三十七年《ねん》）、北海道《ほっかいどう》より報告《ほうこく》され、昭和初期《しょうわしょき》には東京都《とうきょうと》の一部《いちぶ》にきわめてまれに見《み》られた。現在《げんざい》は北海道《ほっかいどう》の平地全域《へいちぜんいき》に広《ひろ》がり、本州以南《ほんしゅういなん》では都会地周辺《とかいちしゅうへん》で在来種《ざいらいしゅ》と交代《こうたい》、最《もっと》もふつうなタンポポとなっている」と書《か》いてあります。また、

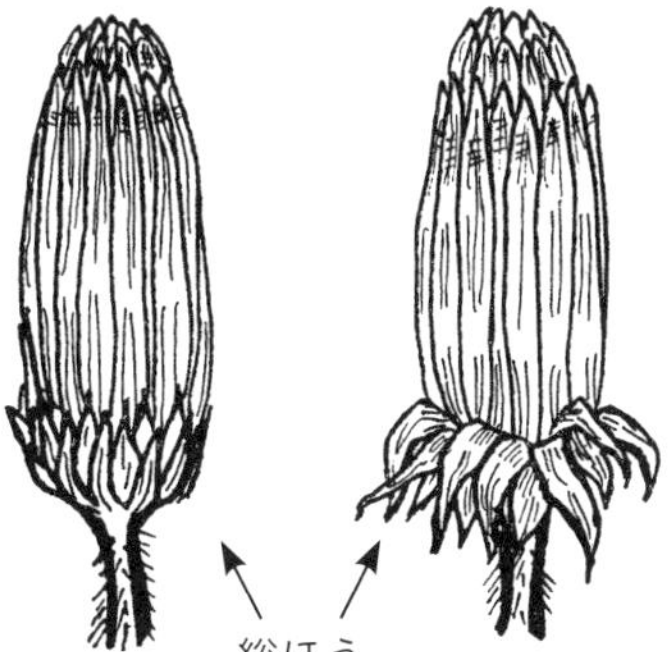

帰化種のセイヨウタンポポやアカミタンポポは右のように外側の総ほうがそりかえっているが，昔から日本にあったタンポポは左のようになっている（少し外に開いていることはあるが，右のように極端に開くことはない）。花が咲いているときや，実が開いているときでもこの区別は簡単にできる。

アカミタンポポはそのあと入《はい》ってきたといいます。

じっさい、いま東京《とうきょう》の市街地《しがいち》でみられるタンポポといえば、ほとんどがこのセイヨウタンポポかアカミタンポポです。昔《むかし》から東京《とうきょう》にあったカントウタンポポは、セイヨウタンポポなどと競争《きょうそう》して、負《ま》けてどんどん後退《こうたい》している感《かん》じです。

じつは、前《まえ》にタンポポのたねを脱脂綿《だっしめん》の上《うえ》で発芽《はつが》させる実験《じっけん》のことを書《か》いたときに、「たいていのたねは何日《なんにち》かのうちに水《みず》を吸《す》って芽《め》をだす」と書《か》きましたが、私《わたし》たちが実験《じっけん》したところ、カントウタンポポやシロバナタンポポはなかなか発芽《はつが》せず、くさってしまいました。それにひきかえ、セイヨウタンポポはまず１００％芽《め》をだします。こういう点《てん》でもセイヨウタンポポのほうがもとから日本《にほん》にあったタンポポより強《つよ》いのです。そして私《わたし》たちの気《き》づかぬうちに植物《しょくぶつ》の世界《せかい》でも大《おお》きな勢力範囲《せいりょくはんい》の交代《こうたい》が行《おこ》なわれているのです。あなたは、いったいどちらを応援《おうえん》しますか。昔《むかし》から日本《にほん》に生《は》えていたタンポポですか、それとも自動車《じどうしゃ》の普及《ふきゅう》とともに全国的《ぜんこくてき》に広《ひろ》がりはじめたヨーロッパ原産《げんさん》のもっと強《つよ》いタンポポですか。そんなことも考《かんが》えながら、自分《じぶん》の応援《おうえん》したいタンポポのたねをさがしてまいてみたらどうでしょう。

〔付記〕東京《とうきょう》の市街地《しがいち》にみられるタンポポはほとんどセイヨウタンポポですが、今《いま》でも少《すこ》し郊外《こうがい》に行《い》くと在来種《ざいらいしゅ》のタンポポを見《み》つけることができますから、さがしてください。私は東京都下《とうきょうとか》の調布市《ちょうふし》と府中市《ふちゅうし》の境目《さかいめ》あたりに住《す》んでいるのですが、自動車《じどうしゃ》の走《はし》るような舗装道路《ほそうどうろ》から千メートルほどもはなれた田畑《たはた》のふちや空地《あきち》には、いまでもカントウタンポポを見《み》つけることができます。田畑《たはた》がつづいているところに行《い》けば、自動車道路《じどうしゃどうろ》のまわり以外《いがい》はまだ在来種《ざいらいしゅ》のタンポポばかりというところがたくさんあります。

ふしぎなことに、セイヨウタンポポのひろがりだしたところには、カントウタンポポは見《み》られないのがふつうです。けれども、東京《とうきょう》の中心地《ちゅうしんち》にある東京御所《とうきょうごしょ》（青山御所《あおやまごしょ》）のまわりには、カントウタンポポとセイヨウタンポポとが混在《こんざい》しているのを見《み》ました。１９７３～４年《ねん》のことです。このあたりのカントウタンポポも遠《とお》からずなくなってしまうのでしょうか。気になります。

鉄《てつ》1キロとわた1キロとではどちらが重《おも》い？

——自分《じぶん》でやってみないと信《しん》じられない不思議《ふしぎ》な実験《じっけん》——

「鉄《てつ》1キロと、わた1キロとではどちらが重《おも》いか」

あなたはこんな問題《もんだい》を耳《みみ》にしたり口《くち》にしたことがありませんか。

こうきかれても、「もちろん鉄《てつ》の方《ほう》が重《おも》いにきまっているじゃないか」などと答《こた》えてはいけません。すぐに

「そうじゃないよ。おんなじだよ」といわれてしまうからです。

「だって、わたは軽《かる》いにきまっているでしょ」といってもだめです。

「だって両方《りょうほう》とも1キロなんですよ。鉄《てつ》だってわた

だって、1キロは1キロでしょ」といわれて、「ああそうか」ということになってしまうからです。

この問題《もんだい》、たいていの人《ひと》がついうっかりして、一度《いちど》はまちがえます。そこで、よくおとながら子《こ》どもをからかったりするのに使《つか》われます。だから、もうすでに知《し》っておられる方《かた》も少《すく》なくないでしょう。

多《おお》くの人《ひと》がこの問題《もんだい》にひっかかるのは、日本語《にほんご》の「重《おも》さ」という言葉《ことば》に二重《にじゅう》の意味《いみ》があるからです。一《ひと》つは鉄《てつ》とかわたとかアルミニウムなど「ものの種類《しゅるい》によってきまる重《おも》さ」で、もう一《ひと》つはそのかさ（体積《たいせき》）も考《かんが》えた上《うえ》での「全体《ぜんたい》の重《おも》さ」です。

ただ「鉄《てつ》とわたとではどちらが重《おも》いか」とだけいえば、ものの種類《しゅるい》だけしか問題《もんだい》にしていないので、この場合《ばあい》は「鉄《てつ》の方《ほう》が重《おも》い」ということになります。ところが「鉄《てつ》1キロとわた1キロ」といえば、かさも考《かんが》えて「重《おも》さは両方《りょうほう》とも1キロだ」というのですから、「重《おも》さは同《おな》じ」ということになるわけです。このうち、ものの種類《しゅるい》によってきまる重《おも》さのことの方《ほう》を、江戸時代《えどじだい》の日本《にほん》の人《ひと》たちは「本重《ほんじゅう》」などとよんでいました。これをいまでは「密度《みつど》」とか「比重《ひじゅう》」ということは多《おお》くの人《ひと》が知《し》っているでしょう。

なんだか教科書風《きょうかしょふう》の話《はなし》になってしまいましたが、今回《こんかい》の話《はなし》の主題《しゅだい》はその先《さき》のところにあります。こんな話題《わだい》に関連《かんれん》した不思議《ふしぎ》な実験《じっけん》をしてみようというのです。

今回《こんかい》やろうとする実験《じっけん》は、話《はなし》だけではまず絶対《ぜったい》にというほどわかってもらえない実験《じっけん》です。みなさん自身《じしん》の手《て》や指先《ゆびさき》でじかに感《かん》じてもらわないと、なかなか信《しん》じてもらえないほど不思議《ふしぎ》な実験《じっけん》なのです。ですから、この実験《じっけん》だけはぜひとも自分《じぶん》でもやってほしいと思《おも》います。

マッチ箱《ばこ》3つと10円玉《えんだま》

実験《じっけん》に使《つか》う道具《どうぐ》は、同《おな》じ大《おお》きさのひらべったい空《から》のマッチ箱《ばこ》3つと、10円玉《えんだま》が12枚《まい》ありさえすればそれでいいのです。いま手《て》もとになければ、さきに私《わたし》の話《はなし》を読《よ》んで、それでおもしろそうだったら、あとで道具《どうぐ》をそろえて実験《じっけん》してくださってもかまいません。

さて、道具《どうぐ》がそろえられた人《ひと》は、まずマッチ箱《ばこ》の中身《なかみ》を全部《ぜんぶ》からにしてください（この実験《じっけん》ではマッチ箱《ばこ》はこわさなくてすむので、マッチはどこかにまとめておいて、あとでまた箱《はこ》に入《い》れて使《つか》うようにしてください）。そしてそのマッチの空箱《からばこ》の一《ひと》つだけに、できるだけ重《おも》いものをいれてください。

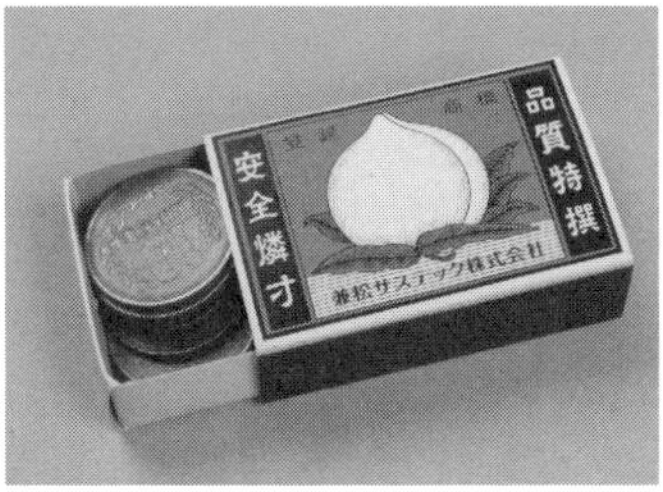

10円玉《えんだま》なら12枚《まい》ほど入《はい》るでしょう。箱《はこ》の中《なか》にいれるものは重《おも》くさえあればよいので10円玉《えんだま》でなくてもかまいませんが、どこにでもあるものといえば、10円玉《えんだま》が一番《いちばん》でしょう。ここでは10円玉《えんだま》をいれることにして話《はなし》をすすめます。

これで実験《じっけん》の準備《じゅんび》はすべて完了《かんりょう》です。空《から》のマッチ箱《ばこ》を二《ふた》つ重《かさ》ねて、その上《うえ》におもり（10円玉《えんだま》）をいれたマッチ箱《ばこ》を一《ひと》つ重《かさ》ねておいてください。

さて、実験《じっけん》というのは、こうするのです。このマッチ箱《ばこ》を三《みっ》つ重《かさ》ねたまま、指《ゆび》で少《すこ》しもちあげてみてください。

いいですか。その重《おも》さの感《かん》じがわかったら、マッチ箱《ばこ》をもとにもどし、こんどは一番上《いちばんうえ》にのっているおもりの入《はい》ったマッチ箱一《ばこひと》つだけを前《まえ》とおなじようにして指《ゆび》でもちあげてみてください。「おや、へんだぞ」とお思《おも》いになることがありませんか。

そうです。重《おも》さがへんなのです。マッチ箱《ばこ》は三《みっ》つのとき

一番下の箱を持つ

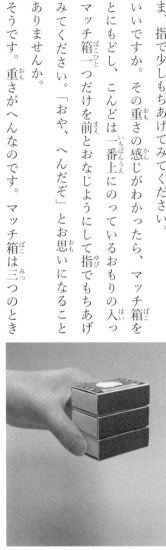

よりも一《ひと》つのときの方《ほう》がずっと重《おも》くなっているのです。いや、「重《おも》く感《かん》じられる」といいなおしておきましょう。

「そんな、ばかな」と思《おも》うかもしれません。自分《じぶん》でじっさいにやってみなければ、そう思《おも》われてもしかたありません。だから、ぜひともこれは自分《じぶん》でやってみてほしいのです。だまされたと思《おも》ってやってみてください。いくら「そんなばかなことがあってたまるものか」と思《おも》う人《ひと》でも、じっさいに自分《じぶん》でやってみれば、きっと「三《みっ》つ重《がさ》ねのマッチ箱《ばこ》よりもそのうちの一《ひと》つだけのマッチ箱《ばこ》の方《ほう》がずっと重《おも》い」（と感《かん》じられる）のにおどろくことでしょう。

一番上の箱を持つ

部分《ぶぶん》が全体《ぜんたい》より重《おも》い！

この実験《じっけん》、たねも仕掛《しか》けもありません。道具《どうぐ》はみなさんそれぞれに自前《じまえ》なのですから、私《わたし》がそこにたねを仕込《しこ》むことなんかできません。

もっとも、なかには私《わたし》が催眠術《さいみんじゅつ》をかけているのだなどと疑《うたが》う人《ひと》がいるかもしれません。そして「そんな暗示《あんじ》にはひっかかるまい」と思《おも》って実験《じっけん》した人《ひと》のなかには、「やっぱり私《わたし》には1コのときの方《ほう》が軽《かる》いか同《おな》じぐらいに思《おも》えるだけだ」といってくる人《ひと》がいるかもしれません。

しかし、そういう人《ひと》はきっと、かえって自分《じぶん》の考《かんが》えた理屈《りくつ》の暗示《あんじ》にひっかかっているにちがいないと思《おも》います。

「全体《ぜんたい》よりも部分《ぶぶん》の方《ほう》が軽《かる》いにきまっている」というのはもっともな理屈《りくつ》です。そういう「理屈《りくつ》に合《あ》わないことはいっさい信用《しんよう》しない」という考《かんが》え方《かた》を合理主義的《ごうりしゅぎてき》な考《かんが》え方《かた》といいます。ただ「合理的《ごうりてき》」といった場合《ばあい》よりももっと強《つよ》い「主義《しゅぎ》」となった考《かんが》え方《かた》です。そういう合理《ごうり》主義的《しゅぎてき》な考《かんが》え方《かた》を強《つよ》くする人《ひと》のなかには「自分《じぶん》の理屈《りくつ》に合《あ》わないような経験《けいけん》をしても、その経験事実《けいけんじじつ》そのものを否定《ひてい》してしまう」という傾向《けいこう》があります。

たしかに理屈《りくつ》を重《おも》んずることは大切《たいせつ》なことです。「この目《め》で幽霊《ゆうれい》を見《み》た（と思《おも》った）から幽霊《ゆうれい》がいる」と考《かんが》えるのはまちがっています。しかし、この実験《じっけん》の場合《ばあい》のように、理屈《りくつ》に反《はん》した感覚自体《かんかくじたい》を否定《ひてい》するのは行《い》きすぎというものです。人間《にんげん》の感覚《かんかく》そのものは人間《にんげん》の考《かんが》えた理屈《りくつ》に合《あ》わないことがあっても仕方《しかた》がないからです。

「経験《けいけん》よりも理屈《りくつ》を重《おも》んずる」のとは反対《はんたい》に、「理屈《りくつ》よりも経験《けいけん》を重《おも》んずる」という考《かんが》え方《かた》もあります。そのような考《かんが》え方《かた》を、合理主義《ごうりしゅぎ》に対《たい》して経験主義《けいけんしゅぎ》の考《かんが》え方《かた》といいます。

この実験《じっけん》の場合《ばあい》、極端《きょくたん》に経験主義《けいけんしゅぎ》を守《まも》る人《ひと》は、「三《みっ》つ重《がさ》ねの箱《はこ》よりも一番上《いちばんうえ》の1コの箱《はこ》だけの方《ほう》が重《おも》く感《かん》ずる」という経験事実《けいけんじじつ》をもとにして、「全体《ぜんたい》よりも部分《ぶぶん》の方《ほう》が軽《かる》いにきまっている」という理屈《りくつ》までも否定《ひてい》します。そしてさらには「三《みっ》つ重《がさ》ねのマッチ箱《ばこ》の重《おも》さが50gなら、一番《いちばん》上《うえ》のマッチ箱《ばこ》一《ひと》つだけをはかりにのせてはかったら50g以上《いじょう》あるだろう」と考《かんが》えたりします。新《あたら》しい経験事実《けいけんじじつ》をもとにして、いままでの理屈《りくつ》をすててしまうのです。

それではこの場合《ばあい》どうでしょうか。はかりではかっても、三《みっ》つ重《がさ》ねのマッチ箱《ばこ》より一番上《いちばんうえ》のマッチ箱《ばこ》一《ひと》つだけの方《ほう》が重《おも》くなっているでしょうか。いいえ、そんなことはありません。はかりではかれば、やはり部分《ぶぶん》より全体《ぜんたい》の方《ほう》が重《おも》いことになるのです。ですから経験主義《けいけんしゅぎ》も行《い》きすぎるとまちがえることになります（この合理主義《ごうりしゅぎ》、経験主義《けいけんしゅぎ》という言葉《ことば》のかわりに、教条主義《きょうじょうしゅぎ》、修正主義《しゅうせいしゅぎ》という言葉《ことば》が使《つか》われることもあります）。

どれだけ軽《かる》く感《かん》じるか

さて、この実験《じっけん》の場合《ばあい》、みんなは三《みっ》つ重《がさ》ねのマッチ箱《ばこ》を、おもりの入《はい》ったマッチ箱一《ばこひと》つよりも、どのくらい軽《かる》いと感《かん》ずるものなのでしょうか。こういうと、「そんなことわかりっこないよ。これは感《かん》じだけなんだから」という人《ひと》がいるかもしれません。しかし、うまい実験《じっけん》のやり方《かた》があるのです。

それには、同《おな》じ大《おお》きさのマッチ箱《ばこ》をさらに5コ用意《ようい》します。そしてその中《なか》におもりの10円玉《えんだま》をいれます。ただし、今度《こんど》はいれる10円玉《えんだま》の数《かず》を12コ、10コ、8コ、6コ、4コとかえておきます。マッチ箱《ばこ》の中《なか》で10円玉《えんだま》が動《うご》かないように、すきまにマッチ棒《ぼう》をつめておくとよいでしょう。

さて、これで準備完了《じゅんびかんりょう》です。このマッチ箱《ばこ》を指先《ゆびさき》でもってみて、その重《おも》さの感《かん》じだけで、重《おも》さの順《じゅん》にならべてみたらどうでしょう。

そのとき、前《まえ》に作《つく》った三《みっ》つ重《がさ》ねのマッチ箱《ばこ》も、三《みっ》つ重《がさ》ねのまま指先《ゆびさき》でもって重《おも》さをくらべてみることにします。こうすると、三《みっ》つ重《がさ》ねの重《おも》さは何番目《なんばんめ》ぐらいに位置《いち》づけられると思《おも》います

多くの人は指先に感じた重さを下のような順序で並べた

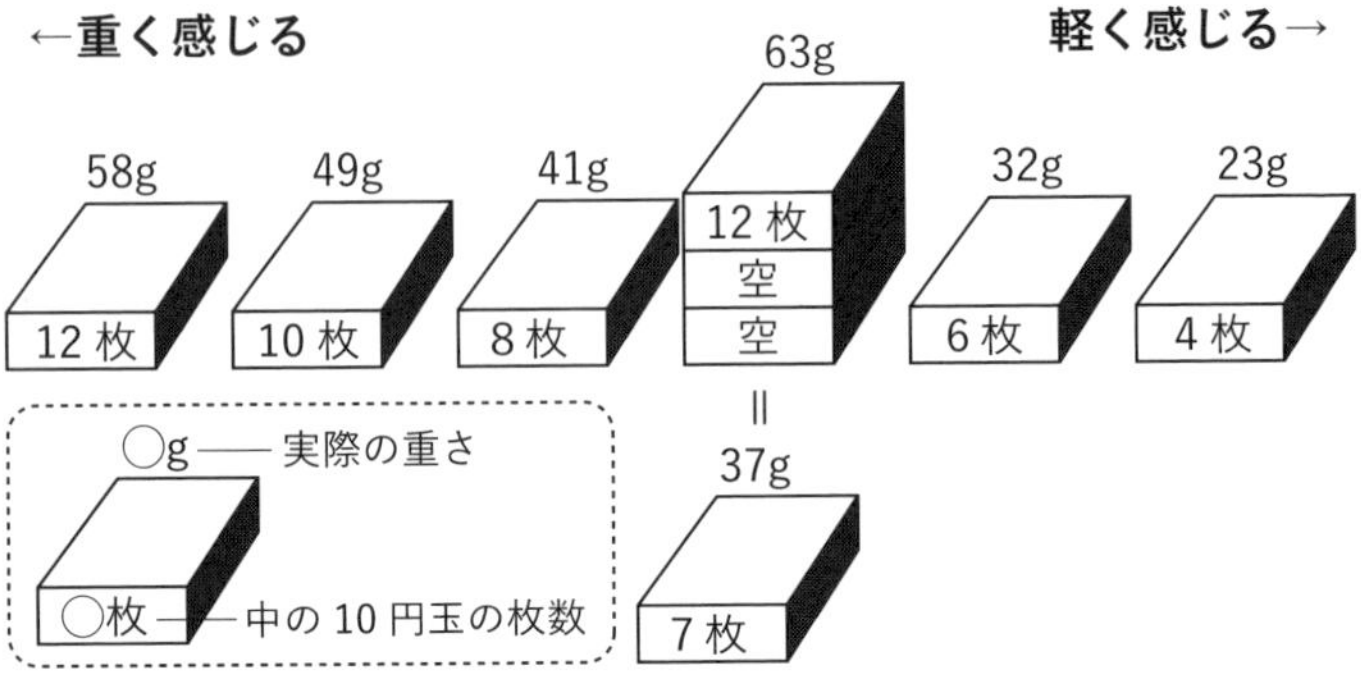

か。

私《わたし》はこの実験《じっけん》を何人《なんにん》かの人《ひと》にやってもらいました。もちろん、中身《なかみ》は教《おし》えないで、です。すると、みんな三《みっ》つ重《がさ》ねの箱《はこ》を「10円玉《えんだま》10コ入《い》りのマッチ箱一《ばこひと》つよりも軽《かる》い」といいました。いやそれだけではありません。「8コ入《い》りのマッチ箱一《ばこひと》つよりも軽《かる》い」という人もいるのです。なかには「6コ入《い》りのマッチ箱一《ばこひと》つよりも軽《かる》い」という人《ひと》もいましたが、これは少数《しょうすう》でした。

私《わたし》はさらに10円玉《えんだま》7コ入《い》りのマッチ箱《ばこ》を作《つく》って、これもくらべてもらいました。すると多《おお》くの人《ひと》は「まあ、これと同《おな》じくらいかな」といいました。

そこで、はかりでマッチ箱《ばこ》の重《おも》さをはかってみたら、上《うえ》の図《ず》のようになっていました。58gのマッチ箱《ばこ》の下《した》に、空《から》のマッチ箱二《ばこふた》つ（5g）をいれていっしょにもつと、合計《ごうけい》で63

gもあるはずなのに、1コ37gのマッチ箱《ばこ》と同《おな》じぐらいにしか感《かん》じられないというわけです。自分《じぶん》でやってみなければなかなか信《しん》じられないことです。

この実験《じっけん》はマッチ箱《ばこ》の中身《なかみ》を知《し》らせておかなければ、「理屈《りくつ》をぬきにして三《みっ》つ重《がさ》ねのマッチ箱《ばこ》の重《おも》さをどう感《かん》ずるか」ということをしらべるのに使《つか》えます。ひまがあったら、みなさんもどうぞやってみてください。

この実験《じっけん》の結果《けっか》は、こういいかえることができます。「はじめに三《みっ》つ重《がさ》ねのマッチ箱《ばこ》をもつと（本当《ほんとう》は63gもあるのに）37gぐらいにしか感《かん》じない。ところが、その一番上《いちばんうえ》のマッチ箱一《ばこひと》つだけを手《て》にとると、58gの感《かん》じがある。つまり1・5倍《ばい》から2倍近《ばいちか》く重《おも》く感《かん》ずる」というわけです。これでは、はじめの実験《じっけん》をやって、みんなが「あれ、おかしいなあ」とおどろくのも当然《とうぜん》のことといえるでしょう。

重《おも》さにもある錯覚現象《さっかくげんしょう》

この実験《じっけん》をじぶんでやってみた人《ひと》はとても不思議《ふしぎ》がります。そして「どうしてそんなへんなことがおきるのか」ときいてきます。しかし私《わたし》にもいまのところ、これといった説明《せつめい》ができません。「これも錯覚《さっかく》の一種《いっしゅ》だ」ということでかんべんしてもらうほかありません。

錯覚《さっかく》といえば図形《ずけい》の錯覚《さっかく》の話《はなし》は有名《ゆうめい》ですから、読者《どくしゃ》のなかにも知《し》っている人《ひと》が少《すく》なくないでしょう。たとえば下《した》の図《ず》で「横線《よこせん》だけの長《なが》さはどちらが長《なが》くみえますか」というと、だれにも上《うえ》の方《ほう》が長《なが》いようにみえます。ところがじっさいにはかってみると同《おな》じです。この種《しゅ》の問題《もんだい》はいろいろあります。

横棒の長さ，どっちが長い？

このような視覚《しかく》の錯覚《さっかく》を示《しめ》す実験《じっけん》は、問題《もんだい》を紙《かみ》に印刷《いんさつ》しておけばだれでも簡単《かんたん》にためしてみられることが多《おお》いので、かなり普及《ふきゅう》しています。それと同《おな》じような錯覚《さっかく》の現象《げんしょう》が重《おも》さの場合《ばあい》にもあるのです。

もっとも、ここにとりあげた重《おも》さの錯覚《さっかく》の実験《じっけん》には、ふつうの図形《ずけい》の錯覚《さっかく》の実験《じっけん》よりもずっと不思議《ふしぎ》なところがあります。なにしろこの実験《じっけん》では「部分《ぶぶん》が全体《ぜんたい》よりも重《おも》い」という、理屈《りくつ》ではとうてい考《かんが》えられないことがおこるからです。

そこで、多《おお》くの人《ひと》はこの実験《じっけん》をさらに発展《はってん》させてもっといろいろなことをやってみたくなることでしょう。そういう好奇心《こうきしん》の強《つよ》い人《ひと》のために、いくつか実験《じっけん》のヒントを書《か》いておくことにしましょう。

①目《め》を閉《と》じて前《まえ》とおなじ実験《じっけん》をしてみたらどうでしょう。目《め》で見《み》ながら箱《はこ》を指《ゆび》でささえると「こんどは一コだから当然重《とうぜんおも》さは前《まえ》の１／３くらいだろう」などとしらずしらずに予想《よそう》して箱《はこ》をもってしまう。ところがじっさいにはかなり重《おも》いのでびっくりして指《ゆび》に力《ちから》をいれる。そこでかえって重《おも》く感《かん》ずるのかもしれない――などという考《かんが》えがあたっているかどうかしらべてみるのです。

②マッチ箱《ばこ》のもち方をかえてみたらどうでしょう。㋐三《みっ》つ持《も》つときでも、上《うえ》の二《ふた》つの箱《はこ》に指《ゆび》がふれないようにしてもったり、㋑いっそ手《て》のひらにのせて重《おも》みをみたりしたらどうでしょう。

③空箱《からばこ》を下《した》にするかわりに、空箱《からばこ》を上《うえ》にして、おもりの入《はい》った箱《はこ》を下《した》にしたらどうでしょう。

④下《した》にいれる空箱《からばこ》を一《ひと》つまたは三《みっ》つ、四《よっ》つにしたらどうでしょう。

⑤小《ちい》さなマッチ箱《ばこ》のかわりに、大《おお》きな菓子箱《かしばこ》におもりをつめたりしてやってみたらどうでしょ

う。この場合《ばあい》は腕《うで》で重《おも》みを感《かん》ずることになります。

量《りょう》をふやせば軽《かる》くなる？

このうち①②③④は簡単《かんたん》にできますから興味《きょうみ》があったらやってみてください。⑤は道具《どうぐ》がないとできないかもしれません。そこで、私《わたし》たちがやった結果《けっか》をお知《し》らせすると——やっぱりマッチ箱《ばこ》の場合《ばあい》とおなじようなことがおこることが多《おお》いのです。「重《おも》いものをもつときには、その荷物《にもつ》の下《した》に空《から》の箱《はこ》をいれて一緒《いっしょ》にもったり、その荷物《にもつ》をずっと大《おお》きな箱《はこ》の上《うえ》の方《ほう》にいれてもったりした方《かた》がずっと軽《かる》く感《かん》ずる」という、おかしなことがおこるのです。

ところであなたは、「よりどり1コ100円《えん》」などと書《か》かれたキャベツの山《やま》の中《なか》から手《て》かげんで重《おも》いキャベツをよりどろうとしたことはありませんか。このような場合《ばあい》、しまりのよいキャベツは小《ちい》さくてもどっしりと重《おも》く、しまりのわるいキャベツは大《おお》きくてもずいぶん軽《かる》く感《かん》じられるものです。そこで、手《て》でもった重《おも》さの感《かん》じだけでどのキャベツが重《おも》いかくらべるとずいぶんまちがえることになります。大《おお》きさがかなりちがう場合《ばあい》は、大《おお》きい方《ほう》が少《すこ》しくらい重《おも》みが少《すく》ないように思《おも》えても、はかりでじっさいはかってみると、やはりそれが一番重《いちばんおも》いというのがふつうなのです。今度《こんど》やってためしてごらんなさい。

人間《にんげん》の感覚《かんかく》のすばらしさ

この実験《じっけん》には、私《わたし》たちにいろんなことを考《かんが》えさせる要素《ようそ》があります。ある人《ひと》は、人間《にんげん》の重《おも》さの感覚《かんかく》のたよりなさにおどろくことでしょう。そして「だからものの重《おも》さをはかるには、ちゃんとはかりではからなくてはいけないのだな」と思《おも》うことでしょう。しかし、私《わたし》はむしろそれと反対《はんたい》のことを考《かんが》えました。「なんて人間《にんげん》の感覚《かんかく》はデリケートですばらしいんだろう」と。

この実験《じっけん》で、人間《にんげん》の重《おも》さの感覚《かんかく》がくるうのは、体積《たいせき》や重心《じゅうしん》の位置《いち》のちがいが関係《かんけい》しています。人間《にんげん》のからだは、ものをもったときその重《おも》さ全体《ぜんたい》を感《かん》ずるだけでなく、そのものの密度《みつど》の大小《だいしょう》まで、とっさに判断《はんだん》して、「それが何《なん》でできているか」およその見当《けんとう》がつくようになっているのです。

私《わたし》たちは、茶《ちゃ》わんなど手《て》でもったただけで、「あ、これは瀬戸物《せともの》でないな。プラスチックだな」とか、「おや、これは鉄《てつ》だな」とか、なんとなくすぐにわかってしまうことがあります。これもこの感覚《かんかく》の鋭敏《えいびん》さのあらわれといえるでしょう。人間《にんげん》のからだはあまりにも鋭敏《えいびん》なために、単純《たんじゅん》なはかりにはならないのです。

人間《にんげん》は手《て》でもった感《かん》じだけで、その重《おも》さのちがいだけでなく、そのものの質《しつ》、密度《みつど》の大小《だいしょう》までも感《かん》じてしまうのです。おそらく、大昔《おおむかし》から人間《にんげん》にとって、あるものの重《おも》さの総量《そうりょう》を知《し》ることよりも、そのものの質《しつ》(密度《みつど》)を感《かん》じてものの種別《しゅべつ》を知《し》ることのほうが、生《い》きていく上《うえ》で大切《たいせつ》だったのにちがいありません。ですから、そういう感覚《かんかく》がデリケートに発達《はったつ》してきたのです。そこでかえってものの質《しつ》(密度《みつど》)のちがうときの全体《ぜんたい》の重《おも》さの感覚《かんかく》があいまいになってしまうのでしょう。

こう考《かんが》えてみると、はじめの「鉄《てつ》1キロとわた1キロとではどちらが重《おも》いか」という問題《もんだい》に多《おお》くの人《ひと》がひっかかるのも、じつはその根《ね》はとてもふかいところにあるらしいということがわかってきます。鉄《てつ》1キロとわた1キロをじっさいにもってみたとしたら、やっぱり鉄《てつ》の方《ほう》が重《おも》く感《かん》じられるにちがいないからです。

〈付記〉この実験《じっけん》は、本文中《ほんぶんちゅう》にも書《か》いたように、やはりやっていただくよりしかたありません。

いつも私《わたし》の書《か》いたものをくわしく読《よ》んでくださる人《ひと》たちの集《あつ》まりでも、私《わたし》はときどきこの実験《じっけん》をみんなにやってみてもらうのですが、必《かなら》ず何人《なんにん》もの人《ひと》がおどろきの声《こえ》をあげます。文章《ぶんしょう》だけを読《よ》んで、「ふうん、そんなこともあるのか、なるほどなあ」と納得《なっとく》してしまっただけのときと、じっさいにやってみたことがどんなにちがうものか、あらためて思《おも》い知《し》らされるような気持《きも》ちになります。

何人《なんにん》かの人《ひと》の集《あつ》まりがあったら、ぜひさそいあってやって見《み》てください。準備《じゅんび》するものはとても簡単《かんたん》なのですから。

月《つき》はお盆《ぼん》のようなものか、まり《ボール》のようなものか

——遠《とお》い地球《ちきゅう》から眺《なが》めて手玉《てだま》に取《と》る——

1977年《ねん》は9月《がつ》27日《にち》が「中秋《ちゅうしゅう》の名月《めいげつ》」です。この日《ひ》の夜《よる》は、ススキやハギやオミナエシなどの秋《あき》草《くさ》をびんにさして縁先《えんさき》などに出《だ》し、だんごや果物《くだもの》などを供《そな》えて月見《つきみ》をたのしむ風習《ふうしゅう》があります。たまには月《つき》見《み》だんごなどをたべながら、美《うつく》しい月《つき》をながめてくつろぐのもよいことだと思《おも》います。そこで今回《こんかい》は月《つき》を話題《わだい》にすることにしましょう。

もっとも、月《つき》のことは小学校《しょうがっこう》でも教《おし》えてくれます。しかし、月《つき》の継続観察《けいぞくかんさつ》は、アサガオなど植物《しょくぶつ》の継続《けいぞく》観察《かんさつ》と同《おな》じく、小学校《しょうがっこう》の理科《りか》でももっとも評判《ひょうばん》のよくない勉強《べんきょう》の一《ひと》つであるようです。どうしてこんなめん

どうな継続観察《けいぞくかんさつ》をやらなければならないのかわからない」とか、月《つき》の動《うご》き方《かた》を教《おそ》わっても、なにがなんだかわからない、ということになるからです。

それではなぜ学校《がっこう》の月《つき》の勉強《べんきょう》はおもしろくないのでしょうか。それは、その教育内容《きょういくないよう》が子《こ》どもや先生《せんせい》の想像力《そうぞうりょく》をかきたてるようなものになっていないからだといってよいでしょう。そこで、ここでは月見《つきみ》の夜《よる》の話《はなし》にふさわしいように、できるだけみなさんの想像《そうぞう》のつばさを大《おお》きくひろげていただくような話題《わだい》をとりあげたいと思《おも》います。

「中春《ちゅうしゅん》の名月《めいげつ》」もあるか

さて、それではじめに一《ひと》つ問題《もんだい》を考《かんが》えてもらいましょう。

〔問題《もんだい》1〕月《つき》の形《かたち》はまんまるになったり、三日月形《みかづきがた》になったり、いろいろな形《かたち》にかわります。中秋《ちゅうしゅう》の名月《めいげつ》のときにはまんまるい満月《まんげつ》の形《かたち》になって見《み》えるのですが、月《つき》がまんまるになるのは1年《ねん》に一度《いちど》だけのことでしょうか。それとも1週間《しゅうかん》に一度《いちど》など、もっと何回《なんかい》もあるのでしょうか。予想《よそう》をたててください。

A．満月《まんげつ》は1年《ねん》に一度《いちど》だけ。
B．春《はる》、夏《なつ》、秋《あき》、冬《ふゆ》の4回《かい》ぐらい満月《まんげつ》になる。
C．1ヵ月《げつ》に一度《いちど》ぐらいずつ、満月《まんげつ》になる。
D．毎週一度《まいしゅういちど》ぐらい（月曜日《げつようび》？）に満月《まんげつ》になる。
E．毎日一度《まいにちいちど》ぐらいまんまるに見《み》える。
F．満月《まんげつ》がみえる期間《きかん》は規則正《きそくただ》しくきまってはいない。

さて、どうでしょう。

昔《むかし》は、照明《しょうめい》が発達《はったつ》していなかったので、夜道《よみち》を照《て》らしてくれる満月《まんげつ》のあかりはありがたいものでした。そこで明治時代以前《めいじじだいいぜん》の人《ひと》なら、こんな問題《もんだい》はだれでもできたことでしょう。

しかし、このごろでは、月《つき》のあかりをたよりにして生活《せいかつ》する人《ひと》はあまりいなくなってしまったので、若《わか》い人《ひと》たちはこの問題《もんだい》にもすぐには正答《せいとう》がえられなくなっているのです。

さて、どうでしょう。「中秋《ちゅうしゅう》の名月《めいげつ》」というからには、「中春《ちゅうしゅん》の名月《めいげつ》」とか「中冬《ちゅうとう》の名月《めいげつ》」などというのもあって、年《ねん》に4回《かい》ぐらい名月《めいげつ》——満月《まんげつ》がみられるのでしょうか。

あるいはまた、昔《むかし》から30日《にち》ぐらいの日数《にっすう》をまとめて、ひと月《つき》とよんでいるのは月《つき》のみちかけが約《やく》30日《にち》ごとにひとまわりするからでしょうか。

いや、1週間《しゅうかん》7日《なのか》ごとに月曜日《げつようび》というのがあるのは、月《つき》のみちかけが約《やく》7日《なのか》ごとにひとまわりするからでしょうか。それとも月《つき》は時間《じかん》によってみちかけするので1日《にち》に1回《かい》ぐらいずつまんまるになるのでしょうか。

あなたはどう思《おも》いますか。

じつはこの問題《もんだい》は、Cの「1ヵ月《げつ》に一度《いちど》ぐらいずつ満月《まんげつ》になる」というのが正《ただ》しいのです。正確《せいかく》にいうと、月《つき》はおよそ29～30日《にち》ごとにみちかけをくりかえします。そこで昔《むかし》の人《ひと》はその月《つき》のみちかけに合《あ》わせて29～30日《にち》をひと月《つき》とよんだのです。そうすると、12ヵ月《げつ》で355日《にち》ぐらいになります。

１年《ねん》、つまり地球《ちきゅう》が太陽《たいよう》のまわりをひとまわりする時間《じかん》は３６５日《にち》と１／４ほどですから、昔《むかし》の12ヵ月《げつ》３５５日《にち》では１年《ねん》にたりません。そこで今《いま》の暦《こよみ》は月《つき》のみちかけと関係《かんけい》なしに１ヵ月《げつ》を30日《にち》か31日《にち》などとしてしまいました。しかし昔《むかし》の日本《にほん》の暦《こよみ》では、月《つき》のみちかけにあわせて、１ヵ月《げつ》の日数《にっすう》をきめ、そのかわり3年《ねん》に一度《いちど》ぐらいずつ13ヵ月《げつ》ある年《とし》をおきました。

そこで、たとえば、明治三《めいじ》（１８７０）年《ねん》には10月《がつ》が2回《かい》あって、１年《ねん》が13ヵ月《げつ》になっていました。この場合《ばあい》2回目《かいめ》の十月《じゅうがつ》のことを「うるう十月《じゅうがつ》」とよびました（いまの暦《こよみ》でも、2月《がつ》はふつう28日《にち》しかないのに4年《ねん》に一度《いちど》だけ29日《にち》にしてあります。これは１年《ねん》の長《なが》さを平均《へいきん》して３６５日《にち》１／４にするためで、１年《ねん》の日数《にっすう》が３６６日《にち》になる年《とし》のことを「うるう年《どし》」とよんでいるのと同《おな》じようなやり方《かた》です）。

さて、明治《めいじ》5年《ねん》までの日本《にほん》の暦《こよみ》（旧暦《きゅうれき》）では、その月《つき》のみちかけにあわせて日《ひ》がきまっていました。そこで、その日《ひ》が月《つき》の何日《なんにち》かによって月《つき》の形《かたち》もきまっていました。逆《ぎゃく》に、月《つき》の形《かたち》をみればその日《ひ》が何日《なんにち》か大体見当《だいたいけんとう》がつきました。たとえば、「三日月《みかづき》」というのは旧暦《きゅうれき》の「三日《みっか》に見《み》える月《つき》」という意味《いみ》のことばです。また「十五夜《じゅうごや》の月《つき》」というのは「15日《にち》の夜《よる》に見《み》える月《つき》」という意味《いみ》のことばです。29〜30日《にち》のまんなかは15日《にち》ですから、「十五夜《じゅうごや》の月《つき》」といえば満月《まんげつ》のことになります。

ところで私《わたし》たちは、月《つき》のはじめの「一日」のことを「いちにち」とはいわずに「ついたち」といいますが、これはなぜだか知《し》っていますか。「一《いち》」のことを「つい」とか「ついた」とよむよみかたがあったのでしょうか。――いいえ、そんなことはありません。

じつは、この「ついたち」というのは「月立ち」ということばがかわったので、「月《つき》がはじめて見《み》えはじめるはずの日《ひ》」のことなのです。もっとも、月《つき》は三日月《みかづき》ぐらいにならないと、実際《じっさい》には見《み》えません。太陽《たいよう》に近《ちか》すぎて見《み》えないのです。しかし計算《けいさん》すれば「この日《ひ》にはこの辺《へん》に三日月《みかづき》よりずっと細《ほそ》い月《つき》が見《み》えるはずだ」とわかるのです。そこで、その日《ひ》のことを「つきたち」とよんだので、今《いま》でも月《つき》のはじめの日《ひ》のことを「ついたち」というわけです。

さて、「中秋《ちゅうしゅう》の名月《めいげつ》」というのは、旧暦《きゅうれき》の8月《がつ》15日《にち》の月《つき》のことをいいます。これを今《いま》の暦《こよみ》にすると1977年《ねん》は9月《がつ》27日《にち》となるのです。秋《あき》の空《そら》は澄《す》んでいてきれいです。それに秋《あき》は作物《さくもつ》をとり入《い》れる季節《きせつ》です。そこで昔《むかし》から、1年《ねん》に12～13回《かい》ある満月《まんげつ》のうちで、とくに中秋《ちゅうしゅう》の満月《まんげつ》を見《み》て祭《まつ》る習慣《しゅうかん》ができたのです。

中秋《ちゅうしゅう》の名月《めいげつ》の行事《ぎょうじ》はもともと中国《ちゅうごく》から伝《つた》わってきたのですが、日本《にほん》にはその前《まえ》から旧暦《きゅうれき》の9月《がつ》13日《にち》に月見《つきみ》をする習慣《しゅうかん》があったそうです。13日《にち》の月《つき》は満月《まんげつ》よりも少《すこ》し前《まえ》の月《つき》ですが、太陽《たいよう》が西《にし》の地平線《ちへいせん》に沈《しず》む少《すこ》し前《まえ》に東《ひがし》の空《そら》に出《で》てくるので、この方《ほう》が都合《つごう》がよかったのかもしれません。

月《つき》はどんな形《かたち》にみちかけして見《み》えるか

さて、昔《むかし》の風習《ふうしゅう》のことばかり話《はな》しましたが、ここでもう一《ひと》つ問題《もんだい》をだしましょう。こんどはこんな問題《もんだい》です。

〔問題《もんだい》２〕月《つき》はほぼ30日《にち》の間《あいだ》にいろいろな形《かたち》にみちかけしますが、その間《あいだ》にどんな形《かたち》に変化《へんか》してみえるでしょうか。下《した》の図《ず》のうち、見《み》えるものに○、見《み》えないものに×をつけてください。

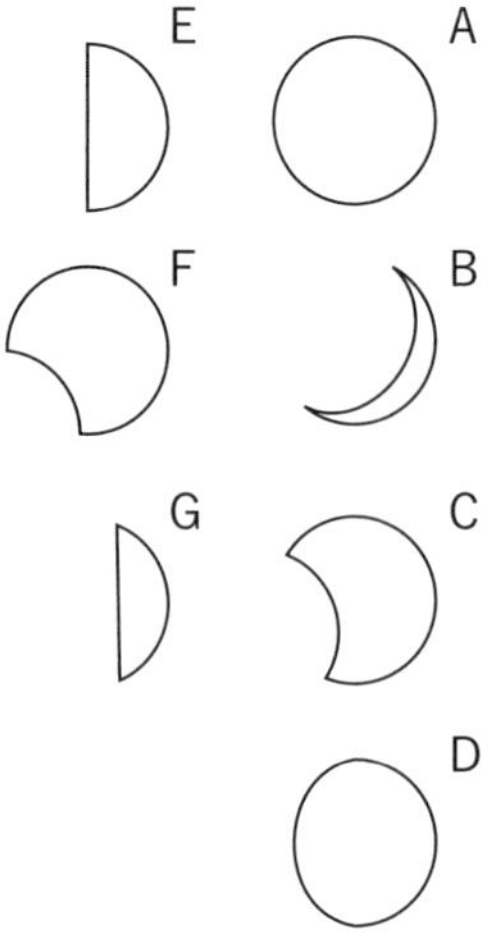

さて、どうですか。この図《ず》には月面上《げつめんじょう》のデコボコのために生《しょう》ずる輪郭《りんかく》の出入《でい》りは書《か》いてあり

ませんが、それはかんべんしてください。もちろん、たまにある月食《げっしょく》のときとか、月《つき》か山《やま》や建物《たてもの》のかげになって一部《いちぶ》が見《み》えないというようなときのことは考《かんが》えにいれないで考《かんが》えてください。

この問題《もんだい》、AとBは満月《まんげつ》と三日月《みかづき》ですから〇、これはだれでもできます。それからGが×であることには問題《もんだい》がないでしょう。それなら、C、D、E、Fはどうでしょう。

私《わたし》はこれまでこの問題《もんだい》をたくさんの人《ひと》たちに考《かんが》えてもらいましたが、小学校《しょうがっこう》のベテランの先生方《せんせいがた》でも、よくできませんでした。C、D、E、Fの4問正答《もんせいとう》は1～3割《わり》というところなのです。月《つき》のみちかけについて教《おし》える先生《せんせい》でもあまりできないのですから、一般《いっぱん》のおとなや子《こ》どもたちができなくても不思議《ふしぎ》ではないでしょう。

なぜこんな問題《もんだい》ができない人《ひと》が多《おお》いのかというと、それは、ふだん月《つき》の形《かたち》について関心《かんしん》をもっている人《ひと》が少《すく》ないからだといってよいでしょう。ふとした機会《きかい》に何百回《なんびゃっかい》、何千回《なんぜんかい》となく月《つき》を見《み》ても、三日月《みかづき》と満月以外《まんげついがい》は月《つき》の形《かたち》には関心《かんしん》をもたないのがふつうなのです。

しかしこんな問題《もんだい》でも、一度《いちど》月《つき》の形《かたち》の変化《へんか》に関心《かんしん》をもって、「なぜ月《つき》はみちかけするのか」と想像《そうぞう》して、それから月《つき》の形《かたち》を観察《かんさつ》するようになると、だれでも簡単《かんたん》に正《ただ》しく答《こた》えられるようになります。そこで〈問題《もんだい》2〉の正答《せいとう》を教《おし》える前《まえ》に、次《つぎ》の問題《もんだい》を考《かんが》えてもらうことにしましょう。

〈問題《もんだい》3〉月《つき》はどのようにしてみちかけするのでしょうか。次《つぎ》の二《ふた》つの図《ず》のどちらが正《ただ》しいと思《おも》いますか。

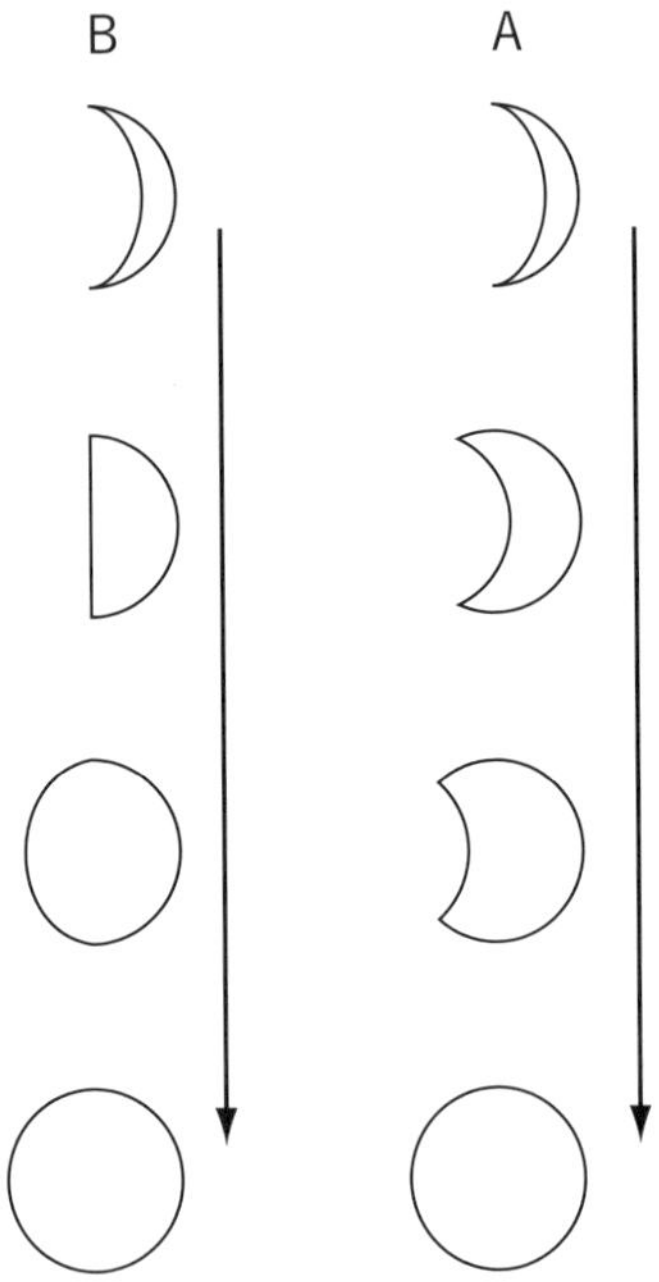

月《つき》のみちかけというものは、どのようにして起《お》きるのか、それをどう考《かんが》えるかによって、この問題《もんだい》の予想《よそう》はかわってきます。月《つき》の形《かたち》が変化《へんか》してみえるのは「まるい月《つき》の前《まえ》にまるい地球《ちきゅう》か

なにかのかげが通《とお》りすぎるからだ」と考《かんが》えると、Aの予想《よそう》が正《ただ》しいことになります。しかし、Bの予想《よそう》はそう簡単《かんたん》には説明《せつめい》できません。いったいどっちが正《ただ》しいのでしょうか。

バートンさんの絵

岩波書店《いわなみしょてん》から出《で》ている『ちいさいおうち』（バートン・文《ぶん》と絵《え》、石井桃子《いしいももこ》訳《やく》）という本《ほん》は、子《こ》ども向《む》けの絵本《えほん》としてよく知《し》られていますが、この絵本《えほん》のはじめのほうに、月《つき》のみちかけの図《ず》が描《えが》かれたカレンダーでてきます。この図《ず》を見《み》るとバージニア・バートンさんは、〔問題《もんだい》3〕に対《たい》してAが正《ただ》しいと考《かんが》えていることがわかります。

しかし、ざんねんながらバートンさんのこの考《かんが》えはまちがっているのです〔この月《つき》の満《み》ち欠《か》けの絵《え》は新版《しんぱん》では修正《しゅうせい》されています〕。このほかにも芝居《しばい》や絵《え》のなかには、よく〔問題《もんだい》2〕のCやFのような形《かたち》の月《つき》が描《えが》かれていることがありますが、こんな形《かたち》の月《つき》はふだんは見《み》えません。月《つき》がこんな形《かたち》に見《み》えるのは月食《げっしょく》という特別《とくべつ》なときだけです。月食《げっしょく》のときは月《つき》が地球《ちきゅう》のかげに入《はい》るのでこんな形《かたち》にみえるのです。
〔問題《もんだい》2〕のCやFのような形《かたち》の月《つき》は月食《げっしょく》のとき以外《いがい》に見《み》えませんが、DやEのような月《つき》はたしかに見《み》られます。Eは7日《なのか》か8日《ようか》の月《つき》、Dは12日《にち》ぐらいの月《つき》です。それでは月《つき》はどうして〔問題《もんだい》3〕のBのようにみちかけするのでしょうか。そのことを考《かんが》えるために、ここでもうひとつの問題《もんだい》を考《かんが》えていただきましょう。

〔問題《もんだい》4〕「♪出《で》た出《で》た月《つき》が　まあるいまあるいまんまるい　盆《ぼん》のような月《つき》が♪」という歌《うた》があります。ところが、一方《いっぽう》では「月《つき》は地球《ちきゅう》のようにまるいまり（ボール）のようなものだ」ともいわれます。いったいどちらが正《ただ》しいのでしょうか。宇宙船《うちゅうせん》で月《つき》へとんでいかずに、どちらが正《ただ》しいかきめることはできないものでしょうか。

私《わたし》は以前《いぜん》にもよくこんな問題《もんだい》を出《だ》して多《おお》くの人《ひと》びとに考《かんが》えてもらったことがあります。そしてそのとき、「大昔《おおむかし》の学者《がくしゃ》たちの中《なか》には、きっとこんなことを考《かんが》えながら、月《つき》のみちかけの形《かたち》をしらべた人《ひと》がいたと思《おも》います。それで月《つき》がおぼんのようなものでなく、まりのようなものだということをたしかめることができたにちがいないと思《おも》うのです」ともつけ加《くわ》えました。

天上《てんじょう》でなぜ衝突《しょうとつ》しない

ところが、近《ちか》ごろたまたまその証拠《しょうこ》のひとつをみつけることができました。11世紀《せいき》の中国《ちゅうごく》(宋《そう》)のすぐれた学者《がくしゃ》であった沈括《しんかつ》(1031~1095)の書《か》いた『夢渓筆談《むけいひつだん》』という本《ほん》の中《なか》に、こういう話《はなし》がでているのです——。

あるとき上役《うわやく》が私《わたし》につぎのようにいいました。「太陽《たいよう》や月《つき》の形《かたち》はたま(球《きゅう》)のようなものか。それともうちわ(扇《おうぎ》)のように平《たい》らなものか。もしもたまのようなものだとしたら、天上《てんじょう》で太陽《たいよう》と月《つき》がすれちがうときぶつかって困《こま》ることがないのはどういうわけか」というのです。

そこで私《わたし》は答《こた》えて申《もう》しました。「太陽《たいよう》や月《つき》の形《かたち》はたまのようなものです。どうしてそういえるのかというと、月《つき》のみちかけをしらべればわかるのです。月《つき》というのはもともと自《みずか》ら光《ひかり》を出《だ》すものではありません。月《つき》は、銀《ぎん》で作《つく》った丸《まる》と同《おな》じようなもので、太陽《たいよう》に照《て》らされてはじめて光《ひかり》を出《だ》すのです」

このあと沈括《しんかつ》さんは、月《つき》のみちかけがどのようにしておこるのか簡単《かんたん》に説明《せつめい》しています。月《つき》はまりのようなもので、その半分《はんぶん》だけが太陽《たいよう》の光《ひかり》に照《て》らされて見《み》えるのです。そこで、その半分《はんぶん》だけ太陽《たいよう》に照《て》らされている月《つき》をどのような角度《かくど》から見《み》るかによって、月《つき》の形《かたち》がいろいろ変《か》わって見《み》えるというのです。

ためしにボールの半分《はんぶん》を黒《くろ》くぬっていろいろな角度《かくど》から見《み》たらどうでしょう。三日月形《みかづきがた》になったり、半月《はんげつ》の形《かたち》になったり、満月《まんげつ》になったり、〔問題《もんだい》3〕のBのような月《つき》が見《み》えるでしょう（〔問題《もんだい》3〕のAのようにはなりません）。

逆《ぎゃく》に、月《つき》がこのようにみえることから、月《つき》はぼんのようなものではなくて、まりのようなものだということができるのです。次《つぎ》のページの写真《しゃしん》〔蛍光塗料を塗った発泡スチロール球にいろいろな角度からブラックライトの光を当てたもの〕を見《み》てください。

昔《むかし》の天文学者《てんもんがくしゃ》だって、ただ辛抱強《しんぼうづよ》く月《つき》やその他《ほか》の天体《てんたい》を観察《かんさつ》しつづけていたのではないのです。いろいろな想像《そうぞう》をこらしたからこそ、みちかけする月《つき》の形《かたち》にも関心《かんしん》をよせることができたのです。沈括《しんかつ》さんの上役《うわやく》は天上《てんじょう》で月《つき》と太陽《たいよう》が衝突《しょうとつ》することを心配《しんぱい》しましたが、じつはこの問題《もんだい》も月《つき》のみちかけをもとにして解決《かいけつ》することができます。

それは、ちょうど半月《はんげつ》のときの月《つき》を観察《かんさつ》するのです。半月《はんげつ》なら昼間《ひるま》でも見《み》えます。この半月《はんげつ》がみえたら太陽《たいよう》はその真横《まよこ》から月《つき》を照《て》らしていることになります。

そこで次《つぎ》に、自分《じぶん》の位置《いち》からみて太陽《たいよう》がどの方向《ほうこう》にみえるか見定《みさだ》めます。すると本当《ほんとう》の太陽《たいよう》がどの辺《へん》にあるか見当《けんとう》をつけることができます。月《つき》からのばした直線《ちょくせん》と自分《じぶん》の目《め》からのばした

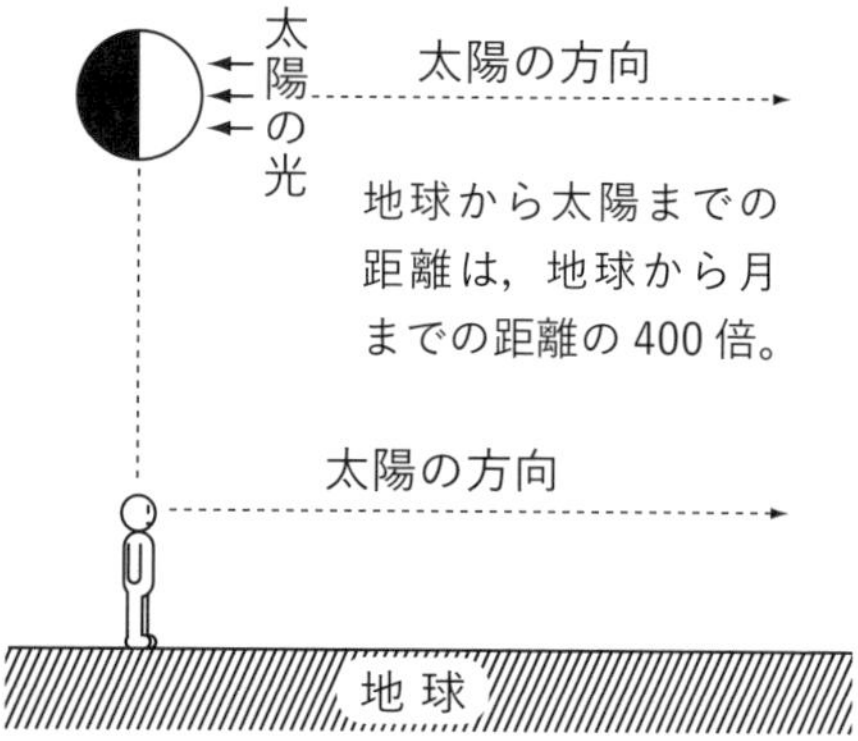

直線《ちょくせん》とはまるで平行線《へいこうせん》のようにみえますが、ずうっとはるか先《さき》の方《ほう》で交《まじ》わりあいます。その場所《ばしょ》に太陽《たいよう》があるわけです。

この結果《けっか》、太陽《たいよう》と私《わたし》たちとの距離《きょり》は月《つき》までの距離《きょり》よりもはるかに遠《とお》いことがわかります。天文学者《てんもんがくしゃ》はもっと正確《せいかく》にはかって、地球《ちきゅう》から太陽《たいよう》までの距離《きょり》が月《つき》までの距離《きょり》の約《やく》４００倍《ばい》もあることをたしかめているのです。月《つき》と太陽《たいよう》とは地上《ちじょう》から見《み》るとほとんど同《おな》じぐらいの大《おお》きさに見《み》えても、うんとはなれているのですから、私《わたし》たちから見《み》て同《おな》じ方向《ほうこう》に見《み》えても衝突《しょうとつ》しっこないというわけです。

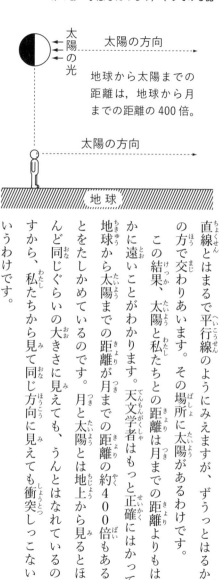

想像《そうぞう》、予想《よそう》のたのしみなしには科学《かがく》はすすみません。月《つき》は毎日《まいにち》どんな方角《ほうがく》に、どんな形《かたち》にみえるか――そんなことをなんのたのしみもなく毎日義務的《まいにちぎむてき》に観察《かんさつ》するなど、科学《かがく》とは無縁《むえん》なのです。

すぐれた学者《がくしゃ》たちは、月《つき》ロケットを飛《と》ばすずっと前《まえ》から、地上《ちじょう》で「月《つき》はうちわのようなものか、たまのようなものか」などと想像《そうぞう》をこらし、毎日月《まいにちつき》の出《で》るのをたのしみに観察《かんさつ》していました。そうすることによってはじめて科学《かがく》をすすめることができたということは、多《おお》くの人《ひと》たちが知《し》っていてよいことだと思《おも》うのですが、どうでしょうか。

〈付記〉私《わたし》の友人《ゆうじん》に、井上正規《いのうえせいき》さんといって神奈川県《かながわけん》の山《やま》の中《なか》の小学校《しょうがっこう》の教師《きょうし》をしている人がいます。その小学校《しょうがっこう》のある地域《ちいき》では、昔《むかし》ながらの月見《つきみ》の風習《ふうしゅう》がよくのこっていて、その日子《ひこ》どもたちは村《むら》の人々《ひとびと》からごちそうになったり、おこづかいをもらったりできるので、月見《つきみ》の日《ひ》は子《こ》どもたちにとってとてもたのしみのある日《ひ》になっているそうです。そこで井上先生《いのうえせんせい》は、その子《こ》どもたち（小学校《しょうがっこう》高学年《こうがくねん》）に向《む》かって、「月《つき》が満月《まんげつ》になるのは1年《ねん》に何度《なんど》あると思《おも》うか」ときいてみて、びっくりしました。大部分《だいぶぶん》の子《こ》が二度《にど》というのです。月見《つきみ》のごちそうのたべられる日《ひ》、無礼講《ぶれいこう》の日《ひ》が年《ねん》に二度《にど》だけあるからです。月見《つきみ》の風習《ふうしゅう》が残《のこ》っているような土地《とち》でも、月《つき》についての知識《ちしき》は必《かなら》ずしも身《み》についていないことがわかります。

虫《むし》めがねで月《つき》の光《ひかり》を集《あつ》める

――レンズで遊《あそ》びましょう――

今回《こんかい》は、ひなたぼっこでもしながら、のんびり実験《じっけん》したり空想《くうそう》をたのしむ話題《わだい》を提供《ていきょう》することにしましょう。

さて、あなたの家《いえ》には虫《むし》めがねがありますか。あったらそれをもってきてください。

いますぐ手《て》もとになかったら仕方《しかた》ありません、話《はな》しだけでもつきあってください。そしておもしろそうだと思《おも》ったら、あとで虫《むし》めがねをさがしだして実験《じっけん》してみてください。

文房具屋《ぶんぼうぐや》にいけば、うらない師《し》の使《つか》うような大《おお》きな虫《むし》めがねが、一《ひと》つ500円《えん》から1200円《えん》くらいで買《か》えるでしょう。

太陽《たいよう》の光《ひかり》を集《あつ》めてみよう

さて、はじめはまず、太陽《たいよう》の光《ひかり》を集《あつ》めて新聞紙《しんぶんし》をもやす実験《じっけん》です。この実験《じっけん》は簡単《かんたん》でおもしろいので、自分《じぶん》でやってみたことのある人《ひと》もたくさんいることでしょう。前《まえ》にやったことのある人《ひと》ももう一度《いちど》やってみませんか。

まだ一度《いちど》もやったことのない人《ひと》のために、やり方《かた》を簡単《かんたん》に説明《せつめい》しておきましょう。まず、日《ひ》のよく当《あ》たっている縁側《えんがわ》などに虫《むし》めがねと新聞紙《しんぶんし》をもっていきます。そこで、レンズの面《めん》を太陽《たいよう》の方《ほう》にむけて、太陽《たいよう》の光《ひかり》を新聞紙《しんぶんし》の上《うえ》に集《あつ》めるのです。

ふつう虫《むし》めがねに入《はい》った太陽《たいよう》の光《ひかり》は、新聞紙《しんぶんし》の上《うえ》にまるくうつります。そこで虫《むし》めがねを新聞紙《しんぶんし》から遠《とお》ざけたり、近《ちか》づけたりしてごらんなさい。太陽《たいよう》の光《ひかり》の集《あつ》まったまるいところが大《おお》きくなったり小《ちい》さくなったりするでしょう。このまるが小《ちい》さいときほどうんと明《あか》るく光《ひか》って見《み》えるでしょう。この明《あか》るいところができるだけ小《ちい》さくなるように、新聞紙《しんぶんし》と虫《むし》めがねとの距離《きょり》を調節《ちょうせつ》してください。

さて、これがうまくできたら、きっと新聞紙《しんぶんし》をもやすことができます。新聞紙《しんぶんし》の黒《くろ》く字《じ》の印刷《いんさつ》されているところに、この光《ひかり》をあててしばらくじっとしていてごらんなさい。すぐに煙《けむり》がでてくるでしょう。あまりあかるいので、ふつうは炎《ほのお》が見《み》えませんが、煙《けむり》は見《み》えます。

新聞紙《しんぶんし》の黒《くろ》いところはよくもえますが、白《しろ》いところはほとんどもやすことはできません。なぜ、黒《くろ》いところの方《ほう》がもえやすいのかというと、それは、黒《くろ》っぽいものほど光《ひかり》や熱《ねつ》を吸収《きゅうしゅう》しやすいので、それで温度《おんど》が早《はや》くあがりもえるのです。白《しろ》いところは光《ひかり》や熱線《ねっせん》をほとんど吸収《きゅうしゅう》しないことがよくわかります。紙《かみ》の色《いろ》によって、どれだけもえやすさがちがうのか、いろいろためしてみるのもよいでしょう。

さて、虫《むし》めがねはどうして太陽《たいよう》の光《ひかり》を集《あつ》めることができるのかというと、それは太陽《たいよう》の光《ひかり》が虫《むし》めがねによって図《ず》のようにまげられるからです。下《した》の図《ず》からもわかるように、太陽《たいよう》の光《ひかり》は「焦点《しょうてん》」と書《か》いてあるところでいちばんよく集《あつ》まります。新聞紙《しんぶんし》をこの「焦点《しょうてん》」のところにおくといちばんよく「焦《こ》げる」というので焦点《しょうてん》というのです。

レンズからこの「焦点《しょうてん》」までの距離《きょり》のことを「焦点距離《しょうてんきょり》」といいます。「焦点距離《しょうてんきょり》」の長《なが》さはレンズによってちがいますが、同《おな》じレンズな

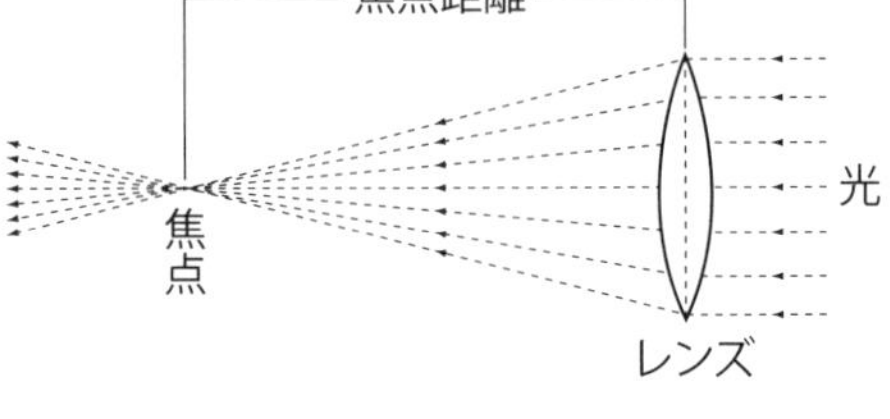

ら、いつも同《おな》じです。いま私《わたし》の手《て》もとにある直径《ちょっけい》5センチの虫《むし》めがねの焦点距離《しょうてんきょり》は約《やく》15センチで、直径《ちょっけい》12センチの虫《むし》めがねのは約《やく》25センチですが、あなたが持《も》っている虫《むし》めがねの焦点距離《しょうてんきょり》はどれほどでしょうか。ひとつ計《はか》ってみてください。

実用化《じつようか》している太陽炉《たいようろ》

「虫《むし》めがねで新聞紙《しんぶんし》をもやす実験《じっけん》なんか子《こ》どもだましだ」と思《おも》う人《ひと》がいるかもしれません。しかし、そんなことはありません。レンズで太陽《たいよう》の光《ひかり》(熱《ねつ》)を集《あつ》めてそれで火《ひ》をとることができるというのは、人類《じんるい》の生《う》みだした偉大《いだい》な発見《はっけん》のひとつだったのです。

中国人《ちゅうごくじん》や日本人《にほんじん》も大昔《おおむかし》からこのことを知《し》っていました。昔《むかし》の本《ほん》の中《なか》には「水晶玉《すいしょうだま》を太陽《たいよう》にかざすと太陽《たいよう》の火《ひ》がとれ、月《つき》にかざすと、その水《みず》をとることができる」という話《はなし》がよくでてきます。昔《むかし》の人《ひと》はレンズのかわりに水晶《すいしょう》の玉《たま》を使《つか》って太陽《たいよう》の光《ひかり》を集《あつ》めていたのです。手《て》もとにビー玉《だま》があったら、それで太陽《たいよう》の光《ひかり》を集《あつ》めてごらんなさい。けっこうよく光《ひかり》を集《あつ》められることがわかるでしょう。

「太陽《たいよう》の光《ひかり》をとってものをもやす」——これはなんとなく神聖《しんせい》な感《かん》じがします。天《てん》（神《かみ》）から火《ひ》をさずかったという感《かん》じがするからです。そこでいまでもオリンピックでは「聖火《せいか》」といって太陽《たいよう》の光《ひかり》を集《あつ》めた火《ひ》を大切《たいせつ》にしています。

太陽《たいよう》の光《ひかり》を集《あつ》めて火《ひ》をとるのは大昔《おおむかし》だけの話《はなし》ではありません。科学者《かがくしゃ》はガラスのいれものに入《はい》ったものをもやすのに、昔《むかし》からこの方法《ほうほう》をよく利用《りよう》してきました。それだけではありません。科学者《かがくしゃ》たちは大《おお》きなレンズを使《つか》って太陽《たいよう》の光《ひかり》を集《あつ》めると、ふつうの炉《ろ》などよりもはるかに高《たか》い温度《おんど》を作《つく》りだすことができることをたしかめてきました。他《ほか》の方法《ほうほう》ではどうしてもとけない金属《きんぞく》もこの方法《ほうほう》で簡単《かんたん》にとかすことができたのです。

太陽《たいよう》の光《ひかり》（熱《ねつ》）を集《あつ》めて高温《こうおん》を作《つく》る装置《そうち》は「太陽炉《たいようろ》」といって今《いま》でも科学《かがく》の研究《けんきゅう》に使《つか》われています。東北《とうほく》

太陽炉の一種「ソーラークッカー」。反射板を皿形に配置して中央に光を集め，食材などを加熱する調理器具。

大学《だいがく》にある太陽炉《たいようろ》は、レンズのかわりに大《おお》きな凹面鏡《おうめんきょう》（たくさんの凹面鏡《おうめんきょう》を組《く》み合《あ》わせて直径《ちょっけい》10メートルにしたもの）を使《つか》ったものですが、3500℃もの温度《おんど》をつくりだすことができるそうです。

月《つき》の光《ひかり》も集《あつ》められるか

ところで、さきに昔《むかし》の中国《ちゅうごく》の本《ほん》には「水晶玉《すいしょうだま》を月《つき》にかざすと水《みず》がとれる」と書《か》いてあるということを紹介《しょうかい》しましたが、これは本当《ほんとう》でしょうか。月《つき》の光《ひかり》は虫《むし》めがねで集《あつ》めることはできないのでしょうか。そこでこんどはこの問題《もんだい》を考《かんが》えることにしましょう。

〔問題《もんだい》1〕夜空《よぞら》に月《つき》が明《あか》るく輝《かがや》いています。この月《つき》の光《ひかり》も虫《むし》めがねで集《あつ》めることができるでしょうか。

ア．月《つき》の光《ひかり》も虫《むし》めがねで集《あつ》められる。

イ．月《つき》の光《ひかり》は虫《むし》めがねで集《あつ》めることができない。

さあ、どうでしょう。太陽《たいよう》だって月《つき》だって光《ひかり》にかわりがないから同《おな》じでしょうか。太陽《たいよう》は自分《じぶん》でもえているけれど、月《つき》は太陽《たいよう》の光《ひかり》に照《て》らされて光《ひか》っているだけだから、その光《ひかり》は集《あつ》められないでしょうか。

じつは「太陽《たいよう》―火《ひ》」「月《つき》―水《みず》」という知識《ちしき》は、昔《むかし》の中国人《ちゅうごくじん》や日本人《にほんじん》の自然《しぜん》についての考《かんが》え方《かた》の大《おお》もとになる大事《だいじ》な知識《ちしき》でした。そのころの人々《ひとびと》はすべてのものが陰《いん》と陽《よう》からできていると考《かんが》え、その代表《だいひょう》の元素《げんそ》を水《みず》と火《ひ》としていました。そして、空《そら》に輝《かがや》く「月《つき》」と「日《ひ》」とを陰《いん》と陽《よう》の大《おお》もとと考《かんが》えて、「太陰《たいいん》」および「太陽《たいよう》」とよぶことにしました。そのことを証明《しょうめい》するのに都合《つごう》のよい実験事実《じっけんじじつ》として水晶玉《すいしょうだま》の実験《じっけん》が有名《ゆうめい》になったというわけです。

それなら、本当《ほんとう》に水晶玉《すいしょうだま》を月《つき》にかざすとどうなるでしょうか。月《つき》のきれいなよく晴《は》れわたった夜《よる》はよく冷《ひ》えます。そこに冷《つめ》たい水晶玉《すいしょうだま》などをもちだせば、露《つゆ》、つまり水滴《すいてき》がつくということは珍《めずら》しくないでしょう。そこで昔《むかし》の人《ひと》は「水晶玉《すいしょうだま》を月《つき》にかざすと水《みず》がとれる」といったというわけです。

さて、それでは月《つき》の光《ひかり》は水晶玉《すいしょうだま》や虫《むし》めがねでは集《あつ》められないのでしょうか。

これは、夜《よる》になってから各自《かくじ》やっていただくことにしましょう。しかし、今晩実験《こんばんじっけん》に都合《つごう》のよいように月《つき》が出《で》てくれるかどうか、必《かなら》ずしも期待《きたい》できません。そこで、先《さき》に次《つぎ》の問題《もんだい》を考《かんが》えていただきましょう。

電灯《でんとう》の光《ひかり》はどうだろう

〈問題《もんだい》2〉電灯《でんとう》の光《ひかり》は虫《むし》めがねで集《あつ》めることはできないものでしょうか。

ア．電灯《でんとう》の光《ひかり》は虫《むし》めがねで集《あつ》められる。
イ．小《ちい》さな白熱電球《はくねつでんきゅう》の光《ひかり》は虫《むし》めがねで集《あつ》められるが、長《なが》い蛍光灯《けいこうとう》の光《ひかり》は集《あつ》められない。
ウ．その他《ほか》。

さあ、これならいつでも実験《じっけん》できます。昼間《ひるま》でも、電灯《でんとう》の光《ひかり》がほしいような薄暗《うすぐら》い部屋《へや》なら実験《じっけん》できます。予想《よそう》をたててから、ぜひ実験《じっけん》してみてください。

長細《ながぼそ》い蛍光灯《けいこうとう》でやったらどうでしょう。太陽《たいよう》の光《ひかり》を新聞紙《しんぶんし》の上《うえ》に集《あつ》めたときのように、虫《むし》めがねで蛍光灯《けいこうとう》の光《ひかり》を白《しろ》い紙《かみ》の上《うえ》に集《あつ》める工夫《くふう》をしてごらんなさい。虫《むし》めがねを白《しろ》い紙《かみ》からはなしたり近《ちか》づけたりするとどうなりますか。

――そうです。蛍光灯《けいこうとう》の形《かたち》がそのまま紙《かみ》の上《うえ》にうつるでしょう。蛍光灯《けいこうとう》の各部分《かくぶぶん》から出《で》た光《ひかり》が虫《むし》めがねを通《とお》ってそれぞれ一ヵ所《しょ》に集《あつ》まって、それでまた蛍光灯《けいこうとう》と同《おな》じ形《かたち》になります。これでも蛍光灯《けいこうとう》の光《ひかり》を集《あつ》めたことにかわりありません。

さて、それでは、月《つき》の場合《ばあい》はどうでしょう。月《つき》の光《ひかり》ももちろん集《あつ》めることができるのです。

〔問題《もんだい》３〕月《つき》の光《ひかり》を虫《むし》めがねで集《あつ》めたら、その集《あつ》まった光《ひかり》の形《かたち》はどのような形《かたち》になるでしょうか。
太陽《たいよう》のときと同《おな》じように丸《まる》くなるにきまっているでしょうか。それとも、そのとき目《め》にみえる月《つき》の形《かたち》（三日月《みかづき》や半月形《はんげつがた》など）になるでしょうか。

さて、こうなると、虫《むし》めがねで月《つき》の光《ひかり》を集《あつ》める実験《じっけん》がさらにたのしくなってきます。それでぜひ実験《じっけん》してほしいのですが……

――半月形《はんげつがた》の月でやれば半月形《はんげつがた》、三日月《みかづき》でやれば三日月形《みかづきがた》に光《ひかり》が集《あつ》まります。

〔問題《もんだい》4〕それなら日食《にっしょく》のとき（太陽《たいよう》の一部《いちぶ》が月《つき》にさえぎられて、地上《ちじょう》から見《み》えなくなったとき）太陽《たいよう》の光《ひかり》を虫《むし》めがねで集《あつ》めたらどうなるでしょう。

これは簡単《かんたん》に実験《じっけん》できないのが残念です。日食《にっしょく》などそうしばしばおこるものではないからです。しかし、実験《じっけん》の結果《けっか》は明《あき》らかです。月《つき》のときと同《おな》じように、日食《にっしょく》のときに見《み》える太陽《たいよう》の形《かたち》と同《おな》じ形《かたち》に光《ひかり》が集《あつ》まるのです。

私《わたし》は昔《むかし》、虫《むし》めがねで太陽《たいよう》の光《ひかり》を集《あつ》めてものをもやす実験《じっけん》をしたとき、「太陽《たいよう》の光《ひかり》が小《ちい》さな点《てん》のようなまるいところに集《あつ》まるのは、虫《むし》めがねがまるいからだろう」となんとなく考《かんが》えていました。そして、「いくら虫《むし》めがねの位置《いち》を調整《ちょうせい》しても、太陽《たいよう》の光《ひかり》が文字通《もじどお》り一《ひと》つの点《てん》に集《あつ》まらないで、どうしても少《すこ》し大《おお》きさをもってしまう」のは、きっとレンズがよくないためだろうとばかり思《おも》っていました。理想的《りそうてき》なレンズでやれば太陽《たいよう》の光《ひかり》は必《かなら》ず焦点《しょうてん》という一《ひと》つの点《てん》に集《あつ》まるものとばかり思《おも》っていたのです。

しかし、その考《かんが》えは明《あき》らかにまちがっていたのです。虫《むし》めがねで集《あつ》めていた光《ひかり》は太陽《たいよう》のものです。太陽《たいよう》にも大《おお》きさがあります。そこで蛍光灯《けいこうとう》のときと同《おな》じように、ある大《おお》きさにうつるのがあたりまえなのです。

月《つき》や太陽《たいよう》の場合《ばあい》、（理想的《りそうてき》なレンズでも）焦点距離《しょうてんきょり》が10センチのレンズなら焦点《しょうてん》のところで直径《ちょっけい》が0・9ミリほどになるし、焦点距離《しょうてんきょり》が20センチなら1・8ミリほどの形《かたち》にうつることになるのです（太陽《たいよう》の光《ひかり》を使《つか》うと、このように理想的《りそうてき》なレンズでもすべての光《ひかり》が一《ひと》つの点《てん》に集《あつ》まらないのに、どうして〈焦点《しょうてん》〉というのかというと、理想的《りそうてき》な平行光線《へいこうこうせん》ならちゃんと一《ひと》つの点《てん》に集《あつ》まることはたしかだからです）。

景色《けしき》をレンズで集《あつ》める

さて、虫《むし》めがねをつかうと、まだまだいろんな実験《じっけん》ができます。次《つぎ》の問題《もんだい》を考《かんが》えてみてください。

〔問題《もんだい》5〕部屋《へや》の中《なか》にいて、虫《むし》めがねを使《つか》って白《しろ》い紙《かみ》の上《うえ》に外《そと》の明《あか》るい景色《けしき》の光《ひかり》を集《あつ》めようと思《おも》います。そんなことができるでしょうか。

ア．できる。

イ．できない。

さあ、どうでしょう。実験《じっけん》をする前《まえ》に少《すこ》し考《かんが》えてみましょう。

いままでやった実験《じっけん》は、みな自分《じぶん》で光《ひかり》を出《だ》しているものばかりでした。太陽《たいよう》にしても、電灯《でんとう》にしてもそうです。私《わたし》たちは虫《むし》めがねでその光《ひかり》を集《あつ》めたのです。しかし、景色《けしき》はどうでしょう。外《そと》の木《き》や建物《たてもの》は光《ひかり》なんかだしていないから、その光《ひかり》を集《あつ》めるなんて、ナンセンスではないでしょうか。

しかし、待《ま》ってください。そういえば月《つき》は自分《じぶん》で光《ひか》っているのではありませんでした。太陽《たいよう》に照《て》らされてそれで光《ひか》ってみえるだけでした。とすると、木《き》や建物《たてもの》なども太陽《たいよう》の光《ひかり》などに照《て》らされて光《ひか》っていれば、やはりその光《ひかり》を集《あつ》めることができそうです。

さて、どうでしょうか。ひとつ自分《じぶん》でやってごらんなさい。

部屋《へや》の中《なか》で、一方《いっぽう》の手《て》に白《しろ》い紙《かみ》をもって、うつそうと思《おも》う景色《けしき》と向《む》かいあわせます。そして、その紙《かみ》の前《まえ》に虫《むし》めがねをもう一方《いっぽう》の手《て》でささえ、紙《かみ》との距離《きょり》を調節《ちょうせつ》するのです。ぼんやりでも景色《けしき》がみえはじめたらしめたものです。ちょっと調節《ちょうせつ》すると景色《けしき》がとてもはっきり見《み》えるようになるでしょう。景色《けしき》は逆《さか》さまですから気《き》をつけてください。

この実験《じっけん》はなかなかみごとです。白《しろ》い紙《かみ》の上《うえ》には、赤《あか》い橋《はし》や緑《みどり》の木《き》など、そのままの色《いろ》でうつります。これを見《み》て思《おも》わず「あれ！　天然色《てんねんしょく》だ」と叫《さけ》んで感心《かんしん》した学校《がっこう》の先生方《せんせいがた》もたくさんいました。これをみると、「景色《けしき》――樹木《じゅもく》や建物《たてもの》などからもそのものの色《いろ》の光《ひかり》がちゃんとでている」ということが、はっきりとたしかめられるので、みんなおどろくのです。

カメラが生《う》まれるまで

もっとも、カメラのことをよく知《し》っている人《ひと》の中《なか》には、「こんなことに感心《かんしん》するのはばからしい」という人《ひと》がいるかもしれません。これはカメラの原理《げんり》にほかならないからです。カメラというのは、このレンズを内側《うちがわ》が黒《くろ》く塗られた一《ひと》つの箱《はこ》にとりつけたものにほかならないのです。カメラという言葉《ことば》も、もとはといえば「暗《くら》い部屋《へや》（ラテン語《ご》でカメラ・オブスキューラ）」の「部屋《カメラ》」という言葉《ことば》からきたものなのです。

そこで、カメラを作《つく》ってみてはどうでしょう。図《ず》のような箱《はこ》に虫《むし》めがねをとりつければ、それでよいのです。箱《はこ》の内側《うちがわ》を黒《くろ》くぬって、黒《くろ》い風呂敷《ふろしき》などをかぶり、うしろのトレーシングペーパーのところをみると、レンズの前《まえ》の景色《けしき》がはっきりと見《み》えるようになるでしょう。

この場合《ばあい》、レンズとトレーシングペーパーとの距離《きょり》を

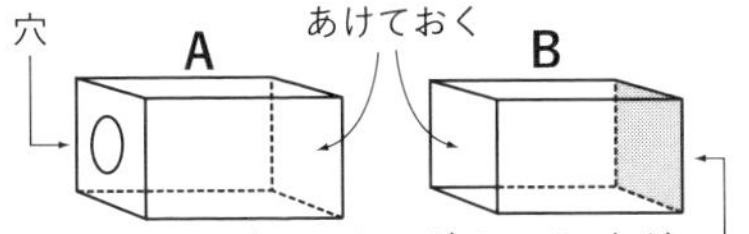

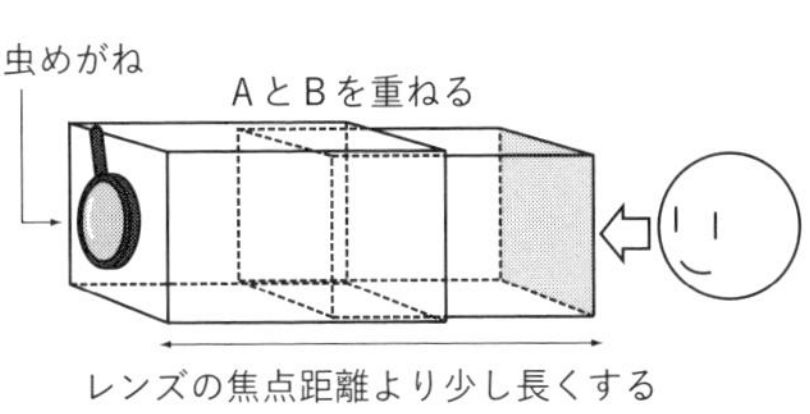

明治初めに日本に来たヨーロッパの物理学教科書のさしえ

調節《ちょうせつ》する必要《ひつよう》があります。ふつうの写真機《しゃしんき》で被写体《ひしゃたい》までの距離《きょり》によってピントをあわせるのとまったく同《おな》じです。

さて、このようなカメラはずいぶん昔《むかし》からありました。実用的《じつようてき》な写真《しゃしん》がはじめて発明《はつめい》されたのは１８３８年《ねん》のことですが、カメラはそれよりずっと前《まえ》から実用化《じつようか》されていたのです。

上《うえ》の絵《え》をみてください。テントのようなカメラ（部屋《へや》）の上部《じょうぶ》にレンズと鏡《かがみ》をつけて、テントのなかの紙《かみ》の上《うえ》に外《そと》の景色《けしき》をうつしだし、それをなぞって絵《え》をかいているのです。

この絵《え》を見《み》せると「なんだ、ずるい」という人《ひと》が少《すく》なくありませんが、このようなカメラでうつした景色《けしき》をいちいち手《て》でなぞらずにすむようにしたらどうでしょう。

この景色《けしき》を化学的《かがくてき》に現像《げんぞう》し、その像《ぞう》がきえないように定着《ていちゃく》する方法《ほうほう》を発明《はつめい》したのが、じつは写真《しゃしん》の発明《はつめい》だったのです。

〔付記〕北海道網走《ほっかいどうあばしり》の小学校《しょうがっこう》の林《はやし》 秀明先生《ひであきせんせい》は、手製《てせい》のカメラでリコピー用紙《ようし》〔リコーの感光式《かんこうしき》コピー用紙《ようし》。現在《げんざい》は製造《せいぞう》していない〕を印画紙《いんがし》にして写真《しゃしん》をうつすのに成功《せいこう》しています。もちろん手製《てせい》のカメラでも、ふつうのフィルムを使《つか》って写真《しゃしん》をうつすことはできます。けれども、手製《てせい》のカメラではシャッターがついていませんし、フィルムを出《だ》し入《い》れしたりするのが不便《ふべん》なので、露光時間《ろこうじかん》が短《みじか》いフィルムはかえって使《つか》いづらいのです。その点《てん》リコピー用紙《ようし》などは露光時間《ろこうじかん》が比較的《ひかくてき》ながく、部屋《へや》が少《すこ》しぐらい明《あか》るくても気《き》になりませんし、現像《げんぞう》はリコピーの機械《きかい》を使《つか》えばよく、安価《あんか》でもあるのでとても便利《べんり》です。学校にリコピーの機械《きかい》があればやってみてください。現像液《げんぞうえき》があれば筆《ふで》でぬってもできます。

シロウトと専門家《せんもんか》のあいだ

——科学《かがく》を学《まな》ぶたのしさ、むずかしさ——

さてこの「いたずら博士《はかせ》の科学教室《かがくきょうしつ》」も、いよいよ第《だい》1学期《がっき》の終了《しゅうりょう》のときがやってきました。第《だい》2部《ぶ》は、とくに最近流行《さいきんりゅうこう》の超能力《ちょうのうりょく》に焦点《しょうてん》をあて、それと科学《かがく》との関係《かんけい》から、さらにうその話《はなし》といった特別講義《とくべつこうぎ》にしようと思《おも》いますので、このへんで一応話《いちおうはなし》をしめくくることにしたいと思《おも》います。

さて、それにしてもこの教室《きょうしつ》、どのようにしたら話《はなし》をしめくくれるでしょうか。

私《わたし》はこの本《ほん》を、できれば、科学《かがく》ときいただけでもう逃《に》げだしたくなるような人《ひと》たちにも読《よ》んでほしいと思《おも》って書《か》いてきました。そこで、そういう人《ひと》たちがちょっとし

たきっかけで、ふと私《わたし》の文章《ぶんしょう》を読《よ》んでみる気《き》をおこしやすいようにと、どこから読《よ》みはじめてもよいように、いつも思《おも》いつき的《てき》に話題《わだい》をえらんできました。ですから、この教室《きょうしつ》の話題《わだい》にはもともと順序《じゅんじょ》とか体系《たいけい》といったものなどありはしないのです。ですから、この話《はなし》はしめくくることもできにくいような性質《せいしつ》のものなのです。

しかし、体系《たいけい》や順序《じゅんじょ》がないからといって、私《わたし》がここに書《か》いてきたことに「ある一貫《いっかん》したものがない」ということにはなりません。そこで、これまでいろいろな話題《わだい》をとおして、私《わたし》がいわんとしてきたものがどんなことであったかということを、ここでいくらかまとめてお話《はなし》すれば、この「いたずら博士《はかせ》の科学教室《かがくきょうしつ》」の1学期分《がっきぶん》のまとめとすることができるかも知《し》れません。

大事《だいじ》なことなのにみんなの知《し》らないことを学《まな》ぶたのしさ

これまで私《わたし》は、主《しゅ》として科学《かがく》についてまったく自信《じしん》を失《うしな》ってしまっていた人《ひと》たちを念頭《ねんとう》に話《はなし》をすすめてきたつもりですが、私《わたし》がここでとりあげた話題《わだい》そのものは、いずれも科学《かがく》の教育《きょういく》の世界《せかい》ですでによく知《し》られていることではありません。科学《かがく》についてかなり自信《じしん》のある人《ひと》たち、学校《がっこう》の理科《りか》の先生《せんせい》たちだって十分《じゅうぶん》よく知《し》っているとはいえないような話題《わだい》ばかりをとりあげてきたつもりなのです。

それでいて、私《わたし》がこれまで書《か》いてきたことの大部分《だいぶぶん》は、科学《かがく》の世界《せかい》の枝葉末節《しようまっせつ》のことではありません。

「考《かんが》えなおしてみれば、だれでも科学《かがく》のもっとも基本的《きほんてき》な知識《ちしき》・考《かんが》え方《かた》だと認《みと》めるようなことなのに、科学《かがく》に強《つよ》い人《ひと》でも必《かなら》ずしも十分《じゅうぶん》よく知《し》っているとはいえない」――そういう話題《わだい》を中心《ちゅうしん》にして話《はなし》をすすめてきたつもりなのです。そして、その話題《わだい》がもっとも科学《かがく》に弱《よわ》いと自認《じにん》する人《ひと》びとでも十分《じゅうぶん》興味《きょうみ》をもって理解《りかい》できるように話《はなし》をすすめてきたつもりです。

もしも、私《わたし》の話《はなし》でいくらかでも科学《かがく》に関《かん》する興味《きょうみ》・関心《かんしん》をよびおこされた人《ひと》がいるとすれば、その成功《せいこう》の一《ひと》つの原因《げんいん》はこのような話題設定《わだいせってい》の仕方《しかた》にあるのではないか、と私《わたし》は思《おも》っています。科学《かがく》に弱《よわ》いと思《おも》いこんでいる人《ひと》たちは、「科学《かがく》なんか勉強《べんきょう》しても自分《じぶん》にはわかりっこない」「たとえわかったところで、そんなことはみな他《ほか》の人《ひと》たちが十分《じゅうぶん》知《し》っていることばかりだから、なにも役《やく》に立《た》たないだろう」と思《おも》っています。しかし、そんなことはないのです。

いまの科学教育《かがくきょういく》は、あまりにも画一的《かくいってき》なものになりすぎています。教科書《きょうかしょ》や参考書《さんこうしょ》はもちろん、啓蒙書《けいもうしょ》といわれるものも同《おな》じような書《か》き方《かた》をしています。「アルコールの沸騰点《ふっとうてん》は80℃以下《いか》なのに、どうしてアルコール温度計《おんどけい》で100℃以上《いじょう》の温度《おんど》をはかることができるのだろう」という疑問《ぎもん》をいだく人《ひと》も少《すく》なくないのに、その謎《なぞ》を解《と》きあかしてくれるような本《ほん》はまず見《み》あたらないというような実情《じつじょう》なのです。今日《こんにち》の科学《かがく》の教育《きょういく》には、同《おな》じような盲点《もうてん》がそこらじゅうにかくれているのです。

ですから、この本《ほん》の1章分《しょうぶん》を読《よ》んだだけでも、たとえば、「いまふつうにアルコール温度計《おんどけい》とよばれているのは、灯油《とうゆ》を使《つか》った温度計《おんどけい》だから100℃以上《いじょう》まではかれるのだ」ということを知《し》れば、少《すく》なくともその知識《ちしき》だけはたいていの学校《がっこう》の理科《りか》の先生《せんせい》よりも正《ただ》しい知識《ちしき》をもったことになるのです。だから、科学《かがく》に弱《よわ》いと自認《じにん》している人《ひと》たちでも、学《まな》びようによっては科学《かがく》に強《つよ》い人《ひと》たちのあとを追《お》いかけるだけでなく、そういう人《ひと》たちに教《おし》えてあげることのできるような知識《ちしき》を学《まな》ぶことができるのです。

これは、考《かんが》えてみるとすばらしいことではないでしょうか。近《ちか》ごろ、公害問題《こうがいもんだい》で、「素人《しろうと》の方《ほう》が専門家《せんもんか》よりもずっと適切《てきせつ》な判断《はんだん》を下《くだ》すことが少《すく》なくない」ということがいわれることがあります。ふつうの人《ひと》は「そんなバカなことがあるものか」と思《おも》うかも知《し》れませんが、そうでもないのです。これまで科学《かがく》を敬遠《けいえん》していたからといって、自信《じしん》を失《うしな》うことはないのです。

科学《かがく》の〈科《か》〉という言葉《ことば》の意味《いみ》

ところで、科学《かがく》というものは、いったいどんなものなのでしょうか。——いきなり、こんなことをいわれても戸惑《とまど》うばかりでしょうから、質問《しつもん》をいいかえることにしましょう。

〔質問〕生物学《せいぶつがく》というのは、生物《せいぶつ》についての学問《がくもん》です。地学《ちがく》は地球《ちきゅう》あるいはその仲間《なかま》である天体《てんたい》についての学問《がくもん》、化学《かがく》はものがたがいに作用《さよう》しあって化《ば》けあう——見《み》かけや性質《せいしつ》がまるで変化《へんか》することを研究《けんきゅう》する学問《がくもん》、物理学《ぶつりがく》は物《もの》の根本的《こんぽんてき》な理《ことわり》（理論《りろん》）を研究《けんきゅう》する学問《がくもん》、などといってみれば、なんとなくわかったような気《き》にもなります。そうすると、科学《かがく》というのは、科《か》についての学問《がくもん》ということになりますが、この科《か》というのは何《なん》でしょう。

さて、どうでしょうか。

明治《めいじ》の初期《しょき》のころは、自然科学《しぜんかがく》のことを「理学《りがく》」とよんだことがありました。「いちばん理《り》くつっぽい学問《がくもん》が自然科学《しぜんかがく》だ」とでも考《かんが》えると、なるほどとも思《おも》えます。この理学《りがく》という言葉《ことば》は、いまでは物理学《ぶつりがく》・心理学《しんりがく》・理科《りか》などという言葉《ことば》になって残《のこ》っています。理科系《りかけい》というのは文科《ぶんか》系《けい》に対《たい》して、自然科学系《しぜんかがくけい》という意味《いみ》だということはみなさんごぞんじです。

ところが、理学《りがく》という言葉《ことば》は、ヨーロッパから自然科学《しぜんかがく》が輸入《ゆにゅう》される前《まえ》から中国《ちゅうごく》や日本《にほん》で広《ひろ》く使《つか》われていました。11〜13世紀《せいき》に宋《そう》の国《くに》（中国《ちゅうごく》）で理学《りがく》という一種《いっしゅ》の哲学《てつがく》がおこって、江戸《えど》時代《じだい》の日本《にほん》でも広《ひろ》く研究《けんきゅう》されていたのです。そこで、その理学《りがく》のことをよく知《し》っている人々《ひとびと》の中《なか》には、理学《りがく》という言葉《ことば》で自然科学《しぜんかがく》のことをあらわすことに賛成《さんせい》しない人《ひと》びとがいました。そしてある人《ひと》びとは、理学《りがく》という言葉《ことば》をいまの哲学《てつがく》の意味《いみ》に使《つか》いました。明治《めいじ》十九年《ねん》に出《で》た『理《り》学沿革史《がくえんかくし》』（中江兆民《なかえちょうみん》 訳《やく》）という本《ほん》は自然科学史《しぜんかがくし》の本《ほん》ではなくて哲学史《てつがくし》の本《ほん》です。

そこで明治初期《めいじしょき》の学者《がくしゃ》たちは、英語《えいご》のサイエンスという言葉《ことば》をどう訳《やく》したらよいか困《こま》りました。そしてついに「科学《かがく》」という言葉《ことば》ができあがったというわけです。

じつは、私《わたし》はこの「科学《かがく》」という言葉《ことば》の起源《きげん》に関心《かんしん》をもって、長《なが》い間《あいだ》しらべているのですが、この言葉《ことば》をはじめて作《つく》りだしたのは誰《だれ》か、たしかなことは今《いま》でもわからないのです。こういう言葉《ことば》にはふつう中国《ちゅうごく》から輸入《ゆにゅう》されたものが多《おお》くて、化学《かがく》という言葉《ことば》もじつは中国《ちゅうごく》から伝《つた》わってきたものなのですが、科学《かがく》という言葉《ことば》の場合《ばあい》は日本《にほん》から中国《ちゅうごく》に輸出《ゆしゅつ》したものなのです。

それでは、科学《かがく》という言葉《ことば》は日本《にほん》でいつごろから使《つか》われはじめたのかというと、それは明治《めいじ》時代《じだい》に入《はい》ってからだといってよいでしょう。しかし、江戸《えど》時代《じだい》に科学《かがく》という言葉《ことば》を使用《しよう》した例《れい》がないかというと、そうではありません。『西説医学枢要《せいせついがくすうよう》』という本《ほん》（高野長英《たかのちょうえい》著《ちょ》、１８３２年《ねん》序《じょ》）の「題言《だいげん》」に「人身究理《じんしんきゅうり》は医家《いか》の一科学《いちかがく》にして」という言葉《ことば》がでてくるのです。この「一《いち》科学《かがく》」というのは「一《ひと》つの科学《かがく》」というより「一科《いっか》の学《がく》」という意味《いみ》なのでしょうが、ともかくもこれが私《わたし》の知《し》る限《かぎ》り最初《さいしょ》の「科学《かがく》」という言葉《ことば》の使用例《しようれい》です。

しかし江戸時代《えどじだい》には、科学《かがく》という言葉《ことば》が独立《どくりつ》して用《もち》いられることがなかったようです。科学《かがく》という言葉《ことば》が独立《どくりつ》して用《もち》いられるようになるのは明治《めいじ》七〜八年《ねん》になってからのことです。その最初《さいしょ》の例《れい》は明治《めいじ》七年《ねん》に西周《にしあまね》という人《ひと》が書《か》いた「知説《ちせつ》」という論文《ろんぶん》です。この論文《ろんぶん》の中《なか》には「所謂科学《いわゆるかがく》」という形《かたち》で科学《かがく》という言葉《ことば》がでてくるのです。「いわゆる科学《かがく》」というのですから、それ読《よ》み手《て》の方《ほう》でもすでに科学《かがく》という言葉《ことば》を知《し》っていることが前提《ぜんてい》になっているはずですが、それより前《まえ》の使用例《しようれい》は見《み》つかりません。西《にし》 周《あまね》は福沢諭吉《ふくざわゆきち》などとともに文明開化《ぶんめいかいか》の先駆者《せんくしゃ》として知《し》られる人《ひと》で、その論文《ろんぶん》もこの二人《ふたり》が中心《ちゅうしん》になって創刊《そうかん》した『明六雑誌《めいろくざっし》』という雑誌《ざっし》に発表《はっぴょう》したのですから、それらの人《ひと》びとの間《あいだ》では「英語《えいご》のサイエンスという言葉《ことば》を科学《かがく》と訳《やく》したらどうか」という議論《ぎろん》が行《おこ》なわれていたのかもしれません。この翌年《よくねん》（明治《めいじ》八年《ねん》）にできた東京英語学校《とうきょうえいごがっこう》の「教則《きょうそく》」の中《なか》には、学科名《がっかめい》の一《ひと》つとして「科学《かがく》」とあり、これに「サイエンス」と振仮名《ふりがな》してあります。

その後《ご》の文献《ぶんけん》では、明治《めいじ》十二年《ねん》2月《がつ》に文部省《もんぶしょう》から出版《しゅっぱん》された西周《にしあまね》訳《やく》『ヘブン氏著心理学《しちょしんりがく》（下《げ》）』に科学《かがく》という言葉《ことば》がたくさんでてきます。また、同《おな》じ年《とし》の9月《がつ》に伊藤博文《いとうひろぶみ》（のちの初代総理大臣《しょだいそうりだいじん》）が書《か》いた「教育議《きょういくぎ》」（井上《いのうえ》 毅《こわし》 起草《きそう》）という有名《ゆうめい》な文章《ぶんしょう》の中《なか》にも、科学《かがく》という言葉《ことば》がでてきます。その後明治《ごめいじ》十八年《ねん》には『科学入門《かがくにゅうもん》』（ハックスリー著《ちょ》、普及舎訳《ふきゅうしゃやく》）という表題《ひょうだい》の訳書《やくしょ》も出版《しゅっぱん》されるし、その翌年《よくねん》には『科学的唯物論《かがくてきゆいぶつろん》』という訳書《やくしょ》も出版《しゅっぱん》されているのですから、この言葉《ことば》もそのころにはもう、かなり多《おお》くの人《ひと》びとの間《あいだ》に知《し》られるようになっていたのでしょう。

少《すこ》し、こまかな話《はなし》をしすぎました。問題《もんだい》はその科学《かがく》という言葉《ことば》の「科《か》」というのはどういう意味《いみ》なのか、ということでした。じつは、その答《こた》えはかなりはっきりしていると思《おも》います。この科学《かがく》という言葉《ことば》は江戸時代《えどじだい》の使用例《しようれい》にもみられた「一科《いっか》の学《がく》」「百科《ひゃっか》の学《がく》」という言葉《ことば》からきているのです。西周《にしあまね》という人《ひと》は日本《にほん》にはじめて西洋哲学《せいようてつがく》を紹介《しょうかい》した人《ひと》ですが、哲学《てつがく》（フィロソフィー）というのは「百科《ひゃっか》の学《がく》」であるのに対《たい》して、サイエンスというのは百科《ひゃっか》にも枝《えだ》わかれした学問《がくもん》を総合《そうごう》した学問《がくもん》だと考《かんが》えて、各《かく》サイエンスを「百科《ひゃっか》の学《がく》のうちの一科《いっか》の学《がく》」という意味《いみ》で科学《かがく》とよぶことにしたのです。

つまり、科学《かがく》の「科《か》」というのは、内科《ないか》・外科《げか》・小児科《しょうにか》・産婦人科《さんふじんか》などの科《か》、イネ科《か》・バラ科《か》・ウリ科《か》・マメ科《か》などの科《か》と同《おな》じ意味《いみ》の言葉《ことば》なのです。理科《りか》・文科《ぶんか》・法科《ほうか》・工科《こうか》・医科《いか》・農《のう》科《か》などの科《か》といってもいいでしょう。ともかくたくさんに枝《えだ》わかれして専門分化《せんもんぶんか》している学問《がくもん》——知《し》りやすい知識《ちしき》、知《し》りたい知識《ちしき》だけを実験的《じっけんてき》に明《あき》らかにしてきたのが科学《かがく》というわけです。

こう考《かんが》えると、現在知《げんざいし》られているその科学知識《かがくちしき》に限界《げんかい》があるのははじめから明《あき》らかなことです。そしてまた、その科学《かがく》を、主《しゅ》として誰《だれ》のために研究《けんきゅう》するかによって、知識《ちしき》の内容《ないよう》が偏《かたよ》ったものになることも明《あき》らかなことだということがわかってきます。そして、そのようなことを考《かんが》えれば公害問題《こうがいもんだい》など、おこるべくして起《お》こったともいえます。

近《ちか》ごろは、科学《かがく》が生《う》んだ現代《げんだい》の技術《ぎじゅつ》が公害《こうがい》をもたらしたというので、科学《かがく》そのものがわるいのだといわれることもありますが、それは論理《ろんり》の飛躍《ひやく》というものです。利潤追求《りじゅんついきゅう》のために役立《やくだ》つ科学《かがく》・技術《ぎじゅつ》ばかりを開発《かいはつ》することと、人類《じんるい》の総合的《そうごうてき》な幸福《こうふく》・安全《あんぜん》をはかるための科学《かがく》・技術《ぎじゅつ》を開発《かいはつ》することをごっちゃにしてはならないと思《おも》うのです。いまこそ、科学《かがく》に弱《よわ》い素人《しろうと》が自分《じぶん》たちの健康《けんこう》やくらしを守《まも》るために、新《あたら》しい科学《かがく》を学《まな》ばなければならないのです。そのためには、なにもこれまで学校《がっこう》で教《おそ》わった理科《りか》の勉強《べんきょう》をそのままくりかえさなければならないということはないのです。

予想《よそう》をたて実験《じっけん》することのたのしさ

ところで、これまでの私《わたし》の話《はなし》がみなさんの興味《きょうみ》をとらえることができたとすれば、そのもう一《ひと》つの原因《げんいん》は、私《わたし》の話《はなし》のすすめ方《かた》、問題《もんだい》の出《だ》し方《かた》にある、といってはいけないでしょうか。私《わたし》は、正《ただ》しい知識《ちしき》をあれこれと提供《ていきょう》する前《まえ》に、実験《じっけん》すれば答《こた》えの明《あき》らかになるような問題《もんだい》をだして、読者《どくしゃ》のみなさんにその実験《じっけん》の結果《けっか》について予想《よそう》をたてていただくという手間《てま》をとりました。そして多《おお》くの場合《ばあい》、すぐに実験《じっけん》の結果《けっか》を知《し》らせずにその問題《もんだい》についてのいろいろな考《かんが》え方《かた》を紹介《しょうかい》し、みなさんの考《かんが》えをできるだけ豊富《ほうふ》にし、ときには混乱《こんらん》に導《みちび》くようなこともあえてしました。そしてさんざんじらしたあとに実験《じっけん》の結果《けっか》をお知《し》らせするようにしてきました。

私《わたし》の提出《ていしゅつ》した問題《もんだい》の多《おお》くは、けっしてやさしい問題《もんだい》ではありません。しかし、直観的《ちょっかんてき》にせよ、自分自身《じぶんじしん》で「これが正《ただ》しそうだ」というものが選《えら》べるような形《かたち》にしてあったはずです。ですから、いくら科学《かがく》に自信《じしん》のない人《ひと》でも予想《よそう》が選《えら》べるようになっていたと思《おも》います。「自分《じぶん》の考《かんが》えが当《あ》たっているかも知《し》れないし、まちがっているかも知《し》れない」ということになったら、本当《ほんとう》に正《ただ》しい答《こた》えがどれかと気《き》になってきます。そこで、先《さき》の方《ほう》まで読《よ》みすすみたくなり、場合《ばあい》によっては自分自身《じぶんじしん》で実験《じっけん》してたしかめてみる気《き》になってきます。こうなればしめたものです。その人《ひと》は科学《かがく》に興味《きょうみ》をもったことになるのですから。

一般《いっぱん》の人《ひと》びとに科学《かがく》のおもしろさを知《し》らせるキーポイントは、まさにこの点《てん》にあります。いや、科学《かがく》というものはもともとそのようにして進歩《しんぽ》してきたものなのです。みんなが、「これは結果《けっか》がたのしみだ、考《かんが》えるとおもしろそうだ」と思《おも》えるような魅力《みりょく》のある問題《もんだい》を魅力《みりょく》のある形《かたち》で提出《ていしゅつ》することによって、人々《ひとびと》の科学《かがく》に対《たい》する関心《かんしん》は高《たか》まってきたのです。それはやさしすぎてもいけないし、むずかしすぎてもいけません。できれば、自分自身《じぶんじしん》で実験《じっけん》・観察《かんさつ》しても簡単《かんたん》に白黒《しろくろ》つけられるような問題《もんだい》がいいのです。

それはなにも、「自分自身《じぶんじしん》で実験《じっけん》してみるのが科学《かがく》の本道《ほんどう》」だからではありません。「自分《じぶん》自身《じしん》で実験《じっけん》や観察《かんさつ》してみれば簡単《かんたん》にわかることなのに、かならずしもたしかな知識《ちしき》をもっていない」という気持《きも》ちのほうが大切《たいせつ》なのです。

そこで私《わたし》はこれまで、できるだけ読者《どくしゃ》のみなさんが自分自身《じぶんじしん》でたしかめてみられるように、身近《みぢか》な材料《ざいりょう》だけでできるような実験《じっけん》を優先的《ゆうせんてき》にとりあげてきました。しかし、おそらく私《わたし》の文章《ぶんしょう》を読《よ》んでくださった10人中《にんちゅう》8〜9人《にん》までは、自分《じぶん》で実験《じっけん》などしてみなかったと思《おも》います。私《わたし》は、それはそれでよいと思《おも》っています。そういう人《ひと》たちは、私《わたし》がやった実験《じっけん》の結果《けっか》を読《よ》んで「そうか、実際《じっさい》にやるとそうなるのか」と、私《わたし》の書《か》いたことを信用《しんよう》してくれたにちがいありません。書《か》いてあることが信用《しんよう》できれば、なにも自分《じぶん》でやってみるまでもないわけです。

私《わたし》がすでに実験《じっけん》してたしかめてしまったことを、もう一度《いちど》だれかがくりかえしても、おそらくほとんど新《あたら》しいことはでてこないでしょう。だから私《わたし》の話《はなし》が信用《しんよう》できないならともかく、そうでなければ、自分《じぶん》で実験《じっけん》してみる必要《ひつよう》なんかないともいえるのです。

けれども、私《わたし》の話《はなし》を読《よ》んでおもしろいと思《おも》い、他《ほか》の人《ひと》たちに問題《もんだい》をだしたりして話題《わだい》にしようと思《おも》ったら、自分自身《じぶんじしん》で実験《じっけん》したかどうかによって話《はなし》の迫力《はくりょく》がだいぶちがってきます。「実験《じっけん》をしたらこうなるそうだよ」と「私《わたし》がやったらこうなった」では信憑性《しんぴょうせい》がずいぶんちがうのです。それに、自分《じぶん》で実験《じっけん》してみれば、そこから新《あたら》しい話《はなし》のたねがみつかることも少《すく》なくありません。つまり、科学《かがく》の実験《じっけん》というのは、自分自身《じぶんじしん》が納得《なっとく》するためというよりも、他人《たにん》を納得《なっとく》させたり、話題《わだい》をひろげようとするときになって必要不可欠《ひつようふかけつ》になってくるのです。だから、科学《かがく》を学《まな》ぶには気軽《きがる》に話《はなし》し合《あ》えるような仲間《なかま》がいることがとても大切《たいせつ》なことになります。

科学《かがく》や科学者《かがくしゃ》はどこまで信用《しんよう》できるか

どんな世界《せかい》でも一度《いちど》まちがった常識《じょうしき》がひろがってしまうと、なかなか改《あらた》められないものですが、理科教育《りかきょういく》や科学教育《かがくきょういく》の世界《せかい》でも、まちがった常識《じょうしき》がたくさん通用《つうよう》しています。

「科学《かがく》を学《まな》ぶには何《なん》でも自分自身《じぶんじしん》で実験《じっけん》しなければ気《き》のすまないような人間《にんげん》にならなければ

いけない」などというのもその一《ひと》つに数《かぞ》えられるでしょう。

科学者《かがくしゃ》だって、理科《りか》の先生《せんせい》だって、ひとりとしてそんなことはしていないのに、いつまでたってもきまじめにそう思《おも》いこんでいる人《ひと》がいます。科学《かがく》というものは社会的《しゃかいてき》なものです。その社会《しゃかい》の人《ひと》びとが自分《じぶん》でいちいち実験《じっけん》してたしかめてみなくても、そのまま信用《しんよう》して利用《りよう》できるようになっているものです。ですから科学《かがく》の本《ほん》に書《か》かれていることをいちいち疑《うたが》ってかかる必要《ひつよう》はないのです。確信《かくしん》のもてないこと、疑《うたが》わしいと思《おも》うことだけを自分自身《じぶんじしん》で実験《じっけん》してたしかめるようにすればそれでよいのです。

もっとも、「科学《かがく》は信頼《しんらい》できるものだ」といっても、本《ほん》に書《か》いてあることのすべてにまちがいがないわけではありません。科学《かがく》が細分化《さいぶんか》されていくにつれて、科学《かがく》の教科書《きょうかしょ》、入門書《にゅうもんしょ》の中《なか》には、かえって初歩的《しょほてき》なミスがおこる傾向《けいこう》も生《う》まれています。科学《かがく》の教育《きょういく》と研究《けんきゅう》の領域《りょういき》が大《おお》きくはなれてしまったために、小《しょう》・中《ちゅう》・高校《こうこう》で教《おし》えられているようなことについて本気《ほんき》で研究《けんきゅう》しているような人《ひと》は、大学《だいがく》や研究所《けんきゅうじょ》にほとんどいなくなってしまったからです。

たとえば、分子《ぶんし》のことについて書《か》いた初歩的《しょほてき》な本《ほん》の中《なか》にはしばしば花粉《かふん》の「ブラウン運動《うんどう》」のことがでてきます。「19世紀《せいき》イギリスの植物学者《しょくぶつがくしゃ》ブラウンは顕微鏡《けんびきょう》で水《みず》に花粉《かふん》をうかべて観察《かんさつ》している最中《さいちゅう》に花粉《かふん》がたえず振動《しんどう》しているのをみつけた。それがもとになって、水《みず》やその他《ほか》の分子《ぶんし》がたえずはげしく運動《うんどう》していることが明《あき》らかになった」というのです（たとえば、岩波《いわなみ》書店《しょてん》『科学《かがく》の事典《じてん》』１９６４年《ねん》）。私《わたし》もまた、そういうことを書《か》いたことがあります（『デモクリトスから素粒子《そりゅうし》まで』国土社《こくどしゃ》、１９６４年《ねん》）。

ところが、私《わたし》はあるとき顕微鏡《けんびきょう》で花粉《かふん》をのぞいて困《こま》りました。花粉《かふん》はまったく動《うご》かないからです。「これはいったいどうしたのだろう。ちゃんと動《うご》くはずなのに」と考《かんが》えこみました。だが動《うご》かないものは仕方《しかた》ありません。しかし私《わたし》が読《よ》んだ本《ほん》にはみな「花粉《かふん》がはげしくゆれ動《うご》くのが見《み》える」と書《か》いてあるではありませんか。そこで私《わたし》はブラウン自身《じしん》の書《か》いた論文《ろんぶん》をしらべてみました。すると、ブラウンの見《み》たのは花粉《かふん》そのものでなく、その花粉《かふん》がこわれてその中《なか》からでてきた小《ちい》さな小《ちい》さな微粒子《びりゅうし》であることがわかりました。この微粒子《びりゅうし》ならたしかにはげしく振動《しんどう》するのが見《み》えるのです。多《おお》くの人《ひと》はこの花粉《かふん》と微粒子《びりゅうし》とを混同《こんどう》して書《か》いていたわけです。

この混乱《こんらん》は、物理学者《ぶつりがくしゃ》は花粉《かふん》など観察《かんさつ》せずにブラウン運動《うんどう》の話《はなし》を書《か》き、植物学者《しょくぶつがくしゃ》は花粉《かふん》を観察《かんさつ》してもブラウン運動《うんどう》に関心《かんしん》をよせないことからきています。いまの物理学者《ぶつりがくしゃ》は分子《ぶんし》が運動《うんどう》していることなど十分信用《じゅうぶんしんよう》しています。ですから自分《じぶん》で花粉《かふん》の振動《しんどう》するのを観察《かんさつ》しようともせずに、ただの受《う》け売《う》りで花粉《かふん》がブラウン運動《うんどう》すると書《か》いていたというわけです。ですからいつまでたってもそのまちがいが発見《はっけん》されないままになっているというわけです。

こういうわけで、科学《かがく》の本《ほん》に書《か》いてあるごく基本的《きほんてき》なことでもけっこう信用《しんよう》できないことがあるのですが、現在《げんざい》の物理学《ぶつりがく》の体系《たいけい》そのものが信用《しんよう》できないということはないでしょう。そして化学《かがく》や生物学《せいぶつがく》などについても同《おな》じことがいえるでしょう。

しかし、そういう学問《がくもん》が全体《ぜんたい》として信用《しんよう》できるということと、そういうことを研究《けんきゅう》している個々《ここ》の学者《がくしゃ》の社会的《しゃかいてき》な発言《はつげん》がそのまま信用《しんよう》できるかどうかということとはまったく別《べつ》のことです。とくにそういう専門家《せんもんか》というものは、社会的《しゃかいてき》な価値判断《かちはんだん》が重《おも》きをなすようなことについては、とんでもない考《かんが》えちがいをすることがむしろふつうなのです。

科学《かがく》を学《まな》ぶことのむずかしさは、まさにこの点《てん》にあるといってもよいでしょう。科学《かがく》とか科学者《かがくしゃ》というものは、どういうときにどこまで信用《しんよう》できて、どれほど信用《しんよう》できないか、その大《おお》まかな目処《めど》がわかるようになること——これこそが科学《かがく》を学《まな》ぶ人《ひと》びとの最大《さいだい》の課題《かだい》であると思《おも》うのです。

〈付記〉ブラウン運動《うんどう》については、ぜひここで書《か》き加《くわ》えておかなければならない後日談《ごじつだん》があります。じつは、私《わたし》がこの文章《ぶんしょう》を最初《さいしょ》に発表《はっぴょう》する前《まえ》に、「なんとかして花粉《かふん》のブラウン運動《うんどう》を見《み》てみたい」と夢中《むちゅう》になっていた人《ひと》がいたのです。東京練馬《とうきょうねりま》で近《ちか》くの子《こ》どもを集《あつ》めて科学《かがく》クラブなどをやっている名倉弘《なくらひろし》さんです。名倉《なくら》さんはこの文章《ぶんしょう》を読《よ》んではじめて、そのまちがいを知《し》って、こんどはどんなに多《おお》くの本《ほん》にまちがったことが書《か》いてあるか徹底的《てっていてき》にしらべてみました。そして、自分《じぶん》の体験《たいけん》と調査《ちょうさ》の結果《けっか》をまとめて、「科学《かがく》の本《ほん》のウソに悩《なや》まされて」という迫力《はくりょく》のある文章《ぶんしょう》を教育雑誌《きょういくざっし》『ひと』１９７５年《ねん》7月号《がつごう》（太郎次郎社《たろうじろうしゃ》）に発表《はっぴょう》しています。多《おお》くの人《ひと》に読《よ》んでほしい文章《ぶんしょう》です。また、その後《ご》私《わたし》も「花粉《かふん》はブラウン運動《うんどう》するか」という論文《ろんぶん》をまとめ、『仮説実験授業研究《かせつじっけんじゅぎょうけんきゅう》』第《だい》7集《しゅう》（仮説社《かせつしゃ》）に発表《はっぴょう》しました。参照《さんしょう》してください。（現在は板倉聖宣《いたくらきよのぶ》・名倉弘《なくらひろし》『科学《かがく》の本《ほん》の読《よ》み方《かた》すすめ方《かた》』仮説社《かせつしゃ》、に所収《しょしゅう》）

第《だい》2部《ぶ》

うそとほんと、ほんととうその話《はなし》

スプーン曲《ま》げ事件《じけん》の反省《はんせい》

――マスコミ操作《そうさ》に踊《おど》らされないための科学《かがく》――

「スプーン曲《ま》げ」――この文章《ぶんしょう》がみなさんの目《め》にふれるころには、「こんな話題《わだい》、古《ふる》くさいなあ」と思《おも》われるようになっているかもしれません。

しかし、そのほうが私《わたし》としてはむしろつごうがいいのです。一時《いっとき》のように過熱《かねつ》している状況《じょうきょう》では、私《わたし》などもみくしゃにされてしまいます。私《わたし》としては、一応《いちおう》〝事件《じけん》〟や〝流行《りゅうこう》〟がおさまったところで、この事件《じけん》や流行《りゅうこう》のことを思《おも》い返《かえ》し、「そういうなかで科学的《かがくてき》にものを考《かんが》えたり判断《はんだん》するにはどうしたらよいか」ということについてみなさんといっしょに考《かんが》えてみたいのです。

この話題《わだい》は、「いたずら博士《はかせ》の科学教室《かがくきょうしつ》」の大《おお》きなね

らいの「科学的《かがくてき》とは何《なに》か」という問題《もんだい》を考《かんが》える上《うえ》に、ちょうど手《て》ごろなテーマですし、私《わたし》がこれまで書《か》いてきたことの応用問題《おうようもんだい》といった性格《せいかく》をもっているようにも思《おも》われるからです。

もっとも、「スプーン曲《ま》げ」の流行《りゅうこう》などといっても、読者《どくしゃ》のなかにはあまりよくご存《ぞん》じでない方《かた》がいるかもしれません。そこで、まずはじめに「スプーン曲《ま》げ事件《じけん》」の経過《けいか》を説明《せつめい》しておくことにしましょう。

「スプーン曲《ま》げ事件《じけん》」とは

私自身《わたしじしん》も初《はじ》めからこの事件《じけん》に興味《きょうみ》をもっていたわけではないので、週刊誌《しゅうかんし》の記事《きじ》などをもとにして経過《けいか》をたどるだけなのですが、この経過《けいか》はあとの話《はなし》のタネとして必要《ひつよう》になりますから、一通《ひとと》り全部《ぜんぶ》書《か》いておきましょう。

この事件《じけん》は、１９７３（昭和四十八）年《ねん》12月初《がつはじ》め「超能力者《ちょうのうりょくしゃ》」というふれこみのユリ・ゲラーというイスラエル人《じん》の録画《ろくが》がテレビで放映《ほうえい》されたことに始《はじ》まります。さらにユリ・ゲラーは、翌年《よくねん》2月《がつ》に来日《らいにち》し、〈念力《ねんりき》〉というものでスプーンを曲《ま》げるという実演《じつえん》を、テレビで見《み》せたのです。そして、3月7日《がつなのか》と4月4日《がつよっか》にはこんな〈不思議《ふしぎ》な〉テレビ番組《ばんぐみ》も組《く》まれたそうです。つまり、日本《にほん》を去《さ》ったユリ・ゲラーがカナダからテレビを通《つう》じて日本《にほん》へ〈念力《ねんりき》〉を送《おく》りとどけるから、その念力《ねんりき》によってスプーンをこするとスプーンが簡単《かんたん》に曲《ま》がるようになるし、こわれた時計《とけい》も動《うご》きだすようになるだろう、というのです。

日本《にほん》テレビのディレクター矢追純一《やおいじゅんいち》氏《し》の証言《しょうげん》によると、その不思議《ふしぎ》な現象《げんしょう》の実現《じつげん》をしらせる電話《でんわ》が、2回《かい》の報道《ほうどう》で合《あ》わせて1万《まん》2千件《せんけん》もあったということです。

私《わたし》はこの事件《じけん》を親《した》しい小学校《しょうがっこう》のI先生《せんせい》から聞《き》きました。I先生《せんせい》は神奈川県《かながわけん》の郡部《ぐんぶ》の小《ちい》さな小学校《しょうがっこう》の先生《せんせい》ですが、その学校《がっこう》の校長先生《こうちょうせんせい》もこのテレビを見《み》て大《おお》いに感激《かんげき》して、全校生徒《ぜんこうせいと》での集会《しゅうかい》のとき、この話《はなし》をもちだしたというのです。そのとき大部分《だいぶぶん》の子《こ》どももそのテレビを見《み》ていて、「スプーンが曲《ま》がった」という子《こ》どもや、「こわれていた時計《とけい》が動《うご》き出《だ》した」という子《こ》どもがたくさんでてきて校長先生《こうちょうせんせい》をあらためて感激《かんげき》させたという話《はなし》でした。

この話《はなし》からも察《さっ》せられるように、テレビの「超能力《ちょうのうりょく》ショー」は大当《おおあた》りで、その後《ご》も「超能力《ちょうのうりょく》」番組《ばんぐみ》が相《あい》ついだようです。するとやがて「ぼくだってスプーンが曲《ま》げられる」という

「超能力《ちょうのうりょく》」少年少女《しょうねんしょうじょ》が各地《かくち》にあらわれるようになり、テレビ局《きょく》もその子《こ》どもたちを集《あつ》め超能力《ちょうのうりょく》ショーをはじめるようになったということです。

人気者《にんきもの》になった念力少年《ねんりきしょうねん》

そういうなかで超能力少年《ちょうのうりょくしょうねん》の第一人者《だいいちにんしゃ》としてマスコミにもてはやされたのは小学校《しょうがっこう》6年生《ねんせい》のA君《くん》でした。A君《くん》はテレビや週刊誌《しゅうかんし》に何回《なんかい》もとりあげられてまさにスター並《な》みになり、その両親《りょうしん》も息子《むすこ》の超能力《ちょうのうりょく》ぶりを大《おお》いに宣伝《せんでん》これ努《つと》めるようになりました。A君《くん》は「スプーンを空中《くうちゅう》にほうり投《な》げて〈曲《ま》がれ!!〉と念《ねん》を送《おく》るだけでそのスプーンを90度以上《どいじょう》に曲《ま》げられる」などと宣伝《せんでん》されたのです。テレビや週刊誌《しゅうかんし》も好《この》んでこれらの「超能力《ちょうのうりょく》」少年《しょうねん》を取材《しゅざい》し、その不可思議《ふかしぎ》さを宣伝《せんでん》しました。この話題《わだい》はそれだけ大衆《たいしゅう》の心《こころ》をとらえるのに成功《せいこう》したのです。

じっさい、物理的《ぶつりてき》な力《ちから》を用《もち》いずに「念力《ねんりき》だけでスプーンが曲《ま》がる」というのが本当《ほんとう》だとしたら、これはまったく常識外《じょうしきがい》の不思議《ふしぎ》なことです。そこで、そんなことをはじめから信用《しんよう》した人《ひと》はほとんどいなかったことでしょう。しかし、テレビで実際《じっさい》にスプーンが曲《ま》がるのを見《み》せられたり、その「実験《じっけん》」に立《た》ちあった司会者《しかいしゃ》や芸能人《げいのうじん》や小説家《しょうせつか》までが異口同音《いくどうおん》にその「事実《じじつ》」を認《みと》める発言《はつげん》をするようになったので、多《おお》くの人々《ひとびと》の心《こころ》は大《おお》きくゆれ動《うご》くようになったようです。

それだけではありません。国立電子技術総合研究所《こくりつでんしぎじゅつそうごうけんきゅうじょ》の主任研究官《しゅにんけんきゅうかん》で、工学博士《こうがくはかせ》の肩書《かたがき》をもつような人《ひと》までが、スプーン曲《ま》げの超能力現象《ちょうのうりょくげんしょう》に太鼓判《たいこばん》をおし、「これから新《あたら》しい科学《かがく》がはじまる」などと宣伝《せんでん》し始《はじ》めたのです。そういう人《ひと》たちは、これまでの科学《かがく》、とくに日本《にほん》の科学《かがく》がこういう超能力現象《ちょうのうりょくげんしょう》に目《め》をつぶってその事実《じじつ》を率直《そっちょく》に認《みと》めないのは不当《ふとう》だ、といって非《ひ》をならすことさえしました。

こういう発言《はつげん》がめだちはじめたころから、私《わたし》もいろいろな人《ひと》たちからこの「スプーン曲《ま》げ」について意見《いけん》を求《もと》められるようになりました。多《おお》くの人《ひと》は半信半疑《はんしんはんぎ》ながらも、「念力《ねんりき》（超能力《ちょうのうりょく》）でスプーンが曲《ま》がるということがあってもいいのではないか」と考《かんが》えていたようでした。

さて、こうまで超能力《ちょうのうりょく》の宣伝《せんでん》がはげしくなってくると、「これには何《なに》かトリックがかくされているにちがいない」と考《かんが》えている人《ひと》たちもだまっているわけにはいかなくなります。私《わたし》の知《し》るかぎり、ジャーナリズムではっきりと否定《ひてい》の判断《はんだん》を下《くだ》したのは１９７４（昭和四九《しょうわ》）年《ねん》４月《がつ》

20日《はつか》の『朝日新聞《あさひしんぶん》』でした。「天声人語《てんせいじんご》」欄《らん》で、「スプーン曲《ま》げはトリックであり、それを超《ちょう》能力《のうりょく》だと称《しょう》するところがいただけない」という趣旨《しゅし》のことをきっぱりと書《か》いたのです。

ところが、これに対《たい》して『朝日新聞《あさひしんぶん》』に寄《よ》せられたたくさんの投書《とうしょ》は、そのほとんど全部《ぜんぶ》が「天声人語《てんせいじんご》の記事《きじ》は科学盲信《かがくもうしん》の独断《どくだん》だ」という反論《はんろん》だったそうです。

4月《がつ》29日《にち》の同紙《どうし》「声《こえ》」欄《らん》にのっている投書《とうしょ》もその一《ひと》つの例《れい》といえるでしょう。無職《むしょく》・19歳《さい》というその人《ひと》は、

「先日《せんじつ》の天声人語《てんせいじんご》を読《よ》んで……私《わたし》の感想《かんそう》をまとめると、見《み》なれないことを目撃《もくげき》した場合《ばあい》、トリックという言葉《ことば》しか考《かんが》えない頭《あたま》の固《かた》さです」

と書《か》いています。おそらくこれが、このころまでの多《おお》くの人《ひと》たちの超能力《ちょうのうりょく》についての平均的《へいきんてき》な意見《いけん》だったのではなかったか、と私《わたし》は思《おも》いました。

見《み》やぶられた（？）トリック

そこで『週刊朝日《しゅうかんあさひ》』がこのトリック解明《かいめい》にのりだすことになりました。そしてA君《くん》の「スプーン曲《ま》げ」の実演《じつえん》を連続写真《れんぞくしゃしん》にとり、ついにその具体的《ぐたいてき》なトリックを見《み》やぶるようになってしまったのです。その写真《しゃしん》と「超能力《ちょうのうりょく》ブームに終止符《しゅうしふ》！　少年《しょうねん》の母《はは》、反省《はんせい》の手記《しゅき》」というその記事《きじ》ののった『週刊朝日《しゅうかんあさひ》』1974年《ねん》5月《がつ》24日号《にちごう》は1、2日《にち》のうちに売《う》りきれになったということです。それだけ多《おお》くの人《ひと》たちがこのナゾ解《と》きを楽《たの》しみにして待《ま》っていた、ということができるでしょう。

この記事《きじ》は他《ほか》の週刊誌《しゅうかんし》にも大《おお》きな影響《えいきょう》を与《あた》えました。『週刊文春《しゅうかんぶんしゅん》』『週刊《しゅうかん》サンケイ』『週刊《しゅうかん》平凡《へいぼん》』『週刊明星《しゅうかんみょうじょう》』『女性《じょせい》セブン』『サンデー毎日《まいにち》』『プレイボーイ』『ヤングレディ』などがあいついでスプーン曲《ま》げと超能力事件《ちょうのうりょくじけん》を特集《とくしゅう》したのです。しかし、すべての週刊誌《しゅうかんし》がこの超《ちょう》能力事件《のうりょくじけん》をトリックと断定《だんてい》したわけではありませんでした。第一《だいいち》、トリックを見《み》やぶられて謝《あやま》ったという A 君親子《くんおやこ》にしても、一回《いっかい》だけのトリックを認《みと》めただけで、あとは認《みと》めないという開《ひら》き直《なお》りをしているありさまです。

『週刊朝日《しゅうかんあさひ》』の記事《きじ》をうけて「あなたにも出来《でき》るスプーン曲《ま》げトリック」などと書《か》きたてて、手品《てじな》のやり方《かた》を教《おし》えた週刊誌《しゅうかんし》もありましたが、多《おお》くの週刊誌《しゅうかんし》は中立《ちゅうりつ》をよそおいました。「A君《くん》のはインチキでもユリ・ゲラーのは本物《ほんもの》だろう」といった言《い》い方《かた》もありました。また『プレイボーイ』６月《がつ》11日号《にちごう》のように、わざわざ「〈超能力《ちょうのうりょく》〉に対《たい》する本誌《ほんし》の見解《けんかい》と主張《しゅちょう》」という声明文《せいめいぶん》までかかげて『週刊朝日《しゅうかんあさひ》』に反論《はんろん》し「科学《かがく》のテーマとして真剣《しんけん》にとりくもう」と訴《うった》えているものや、「スプーン曲《ま》げはトリックじゃない、だが……」とか「〈スプーン曲《ま》げはトリック〉こそ非科学《ひかがく》的《てき》です」と大《おお》きく見出《みだ》しにかかげている週刊誌《しゅうかんし》もあるという状況《じょうきょう》です。

つまりこの「スプーン曲《ま》げ事件《じけん》」に対《たい》する週刊誌《しゅうかんし》の見解《けんかい》を多数決《たすうけつ》という方法《ほうほう》で判断《はんだん》しようとしても、賛否《さんぴ》いり乱《みだ》れていて、その処置《しょち》に困《こま》ることにもなりかねないのです。

しかし、もちろん、科学的真理《かがくてきしんり》は多数決《たすうけつ》できまるものではありません。そこでこれから、こういう問題《もんだい》について私《わたし》たちはどのように考《かんが》えをすすめていったらよいか、これからみなさんと一緒《いっしょ》に考《かんが》えてみようというのです。

さて、この事件《じけん》はトリックかどうかが中心問題《ちゅうしんもんだい》になっているわけですが、こういう実験《じっけん》（実演《じつえん》）にトリックがあるかないかを見定《みさだ》めるにはいったいどうしたらよいのでしょうか。

こういう場合《ばあい》、具体的《ぐたいてき》に「ここにトリックがかくされていた」ということが見《み》つかれば話《はなし》は簡単《かんたん》です。しかし、すぐにそういうタネが見《み》つからなかった場合《ばあい》はどう考《かんが》えたらよいものでしょうか。トリックのタネ明《あ》かしができない以上《いじょう》、相手《あいて》のいいぶん通《どお》り、これが超能力《ちょうのうりょく》によっておこると認《みと》めるのが科学的《かがくてき》な態度《たいど》というものでしょうか。あなたはどう思《おも》いますか。

実際《じっさい》、スプーン曲《ま》げを超能力現象《ちょうのうりょくげんしょう》の一《ひと》つだと認《みと》めた人《ひと》たちの多《おお》くは、「自分《じぶん》の目《め》の前《まえ》でスプーンが曲《ま》がるのを見《み》てしまったのだから、超能力《ちょうのうりょく》の存在《そんざい》を認《みと》めるよりほかない」などといっています。

また、ある人《ひと》たちは「A君《くん》が前《まえ》を向《む》いてスプーン曲《ま》げをやってみせたら信《しん》じるけど、うしろ向《む》きでは信《しん》じられない」ともいっています。「自分《じぶん》が直接見《ちょくせつみ》ないことは信《しん》じられないが、この目《め》でたしかめたことは信《しん》じる」というのです。

こういう考《かんが》え方《かた》はたいへん主体性《しゅたいせい》があって、まったく科学的《かがくてき》であるように見《み》えます。「けれども、そういう考《かんが》え方《かた》も必《かなら》ずしも正《ただ》しい科学的《かがくてき》な考《かんが》え方《かた》とはいえない」と私《わたし》は思《おも》うのですがどうでしょうか。

手品師《てじなし》、奇術師《きじゅつし》のばあい

そのことは、手品《てじな》や奇術《きじゅつ》のことを考《かんが》えてみればわかります。私《わたし》は手品《てじな》や奇術《きじゅつ》を見《み》るとき、多《おお》くの人《ひと》と同《おな》じように「どこかにタネやしかけがかくしてあるにちがいない」と思《おも》って、目《め》をサラのようにして見入《みい》ります。しかし、いくら疑《うたが》い深《ぶか》く、用心深《ようじんぶか》く見《み》ても、私《わたし》にはめったに手品《てじな》や奇術《きじゅつ》のタネは見《み》やぶれません。私《わたし》のような人間《にんげん》に簡単《かんたん》にタネやしかけを見《み》やぶれるような手《て》品師《じなし》や奇術師《きじゅつし》では、生活《せいかつ》がなりたたないにちがいありません。

私《わたし》が見《み》やぶれないのは、本職《ほんしょく》の手品《てじな》や奇術《きじゅつ》だけではありません。しろうとや子《こ》どもでも少《すこ》し手先《てさき》が器用《きよう》でタネがうまくできていると、私《わたし》などにはやはりなかなかタネが見《み》やぶれません。その点《てん》、私《わたし》はまったく自信《じしん》のない無能力者《むのうりょくしゃ》でしかないのですが、多《おお》くの人《ひと》たちも私《わたし》と同《おな》じではないでしょうか。

こういう〈無能力者《むのうりょくしゃ》〉の立場《たちば》からすると、超能力《ちょうのうりょく》の存在《そんざい》を信《しん》じている人《ひと》たちはあまりにも自信《じしん》がありすぎると思《おも》われてなりません。「目《め》の前《まえ》で見《み》たのだから信《しん》じないわけにはいかない」といって、不思議《ふしぎ》な超能力《ちょうのうりょく》の存在《そんざい》を信《しん》じてしまう人《ひと》は、手品《てじな》や奇術《きじゅつ》をみたとき、その全部《ぜんぶ》のタネ明《あ》かしをすることができる自信《じしん》があるのでしょうか。それとも、そういう人《ひと》は手品《てじな》や奇術《きじゅつ》をみてタネを見《み》やぶれないときは、じっさいにその不思議《ふしぎ》な手品《てじな》や奇術《きじゅつ》が、タネもしかけもなくてもできるものと思《おも》うことにしているのでしょうか。

おそらく、そのどちらでもないでしょう。きっと、そういう人《ひと》たちだって手品《てじな》や奇術《きじゅつ》のタネはなかなか見《み》やぶれないのに、それがタネやしかけがあってはじめておこっていると考《かんが》えているにちがいありません。

それはなぜでしょうか。——それは、手品師《てじなし》や奇術師《きじゅつし》がいくら不思議《ふしぎ》なことをやってみせても、それが手品《てじな》や奇術《きじゅつ》だということを知《し》っているからだといっていいでしょう。

「タネもしかけもございません」と手品師《てじなし》がいくらいっても、それがテレビの手品《てじな》の時間《じかん》にやっているので、本当《ほんとう》にタネもしかけもないと思《おも》いこまなくてすむのです。

科学的《かがくてき》でなかった「実験《じっけん》」

それなら、そういう手品師《てじなし》が手品番組《てじなばんぐみ》でなく、ほかの番組《ばんぐみ》にでてきて、「念力《ねんりき》だとかテレパシーだとかいう超能力《ちょうのうりょく》で奇跡《きせき》をおこしてみせる」といって、カラの弁当箱《べんとうばこ》の上《うえ》に風呂敷《ふろしき》をかけて「えい！」と気合《きあ》いをかけ（念力《ねんりき》を送《おく》る）、卵《たまご》がいくつもでてきたとしたらどうでしょう。そしてその人《ひと》が「手品《てじな》ではない。念力《ねんりき》を送《おく》るからできるのだ」といいはったとしたら、私《わたし》たちはその人《ひと》のいいぶんをそのままうけ入《い》れなくてはいけないものでしょうか。あなただったらどう判断《はんだん》しますか。

私《わたし》は目《め》の前《まえ》でそういう実演《じつえん》をみても、あの大《おお》きな卵《たまご》がどこからともなく、つぎからつぎへとでてくるしかけを見《み》やぶれそうもありません。もちろん、そんな私《わたし》だって手品師《てじなし》や奇術師《きじゅつし》のもちものや服装《ふくそう》をいちいちさわったりして点検《てんけん》させてもらえば、比較的《ひかくてき》らくにタネやしかけをみつけることができるでしょう。しかし手品師《てじなし》は自分《じぶん》の都合《つごう》のいいとき以外《いがい》にはそんなことをさせません。ときには手品師《てじなし》や奇術師《きじゅつし》だって、観客《かんきゃく》にふだんはさわらせない小道具《こどうぐ》や服装《ふくそう》に手《て》をふれさせて、わざとタネやしかけのないことをたしかめさせたりしますが、そんな相手次第《あいてしだい》のやり方《かた》では、そのタネやしかけを見《み》やぶるのは困難《こんなん》です。

じっさい、こんどのスプーン曲げの「実験《じっけん》」もこれと同《おな》じような条件《じょうけん》のもとでおこなわれたのです。まずA君父子《くんおやこ》は「超能力《ちょうのうりょく》を信用《しんよう》しない悪意《あくい》のある人《ひと》の前《まえ》ではうまくいかない」などといって、手品師《てじなし》や科学者《かがくしゃ》の実験《じっけん》立《た》ちあいを拒否《きょひ》しています。しかも超能力《ちょうのうりょく》を信用《しんよう》する気《き》になった人《ひと》の前《まえ》でも、ふつうは人《ひと》に背《せ》をむけて手《て》もとをかくしてスプーン曲《ま》げを実演《じつえん》してみせたのです。これでは、ふつうの手品《てじな》よりもはるかに見《み》やぶりにくいのは当然《とうぜん》のことです。ですから、そんな条件《じょうけん》のもとで行《おこ》なわれた実験《じっけん》に驚《おどろ》いたりするのは、これまたどうかしているということになります。

科学《かがく》の世界《せかい》では、そんないいかげんな条件下《じょうけんか》で行《おこ》なわれた「実験《じっけん》」は、昔《むかし》から問題《もんだい》にしないことにしています。「疑《うたが》ってはいけない」「見《み》る位置《いち》も指定《してい》されたところ以外《いがい》はいけない」などという条件《じょうけん》では、科学的《かがくてき》な考《かんが》え方《かた》を武装解除《ぶそうかいじょ》するのにも近《ちか》いことです。たとえ、うかつな科学者《かがくしゃ》がそんな条件《じょうけん》をのんだ上《うえ》で「実験《じっけん》」に立《た》ちあい、実験《じっけん》の結果《けっか》を発表《はっぴょう》したとしても、大部分《だいぶぶん》の科学者《かがくしゃ》はまったく信用《しんよう》しないことでしょう。科学《かがく》の世界《せかい》ではもっともっとまぎらわしいような不思議《ふしぎ》なことがたくさんおきるので、そんなデタラメな実験《じっけん》にいちいちつき合《あ》っていられないのです。もしも「スプーン曲《ま》げは超能力現象《ちょうのうりょくげんしょう》によるのだ」とまじめに主張《しゅちょう》する人《ひと》がいるのなら、その人《ひと》こそもっと疑問《ぎもん》の余地《よち》のない実験結果《じっけんけっか》を報告《ほうこく》すべきであって、はじめから信用《しんよう》していない科学者《かがくしゃ》がわざわざそんないいかげんな実験《じっけん》に立《た》ちあう必要《ひつよう》もないのです。

幻想《げんそう》にとりつかれた人《ひと》

それなのに、多《おお》くの人《ひと》たちが超能力《ちょうのうりょく》ショーの推進者《すいしんしゃ》たちの宣伝《せんでん》にうかうかとのってしまったのはどうしてでしょうか。それは、その人《ひと》たちがテレビやマスコミの権威《けんい》に弱《よわ》かったからだともいえるでしょう。

「テレビであれだけ大々的《だいだいてき》にやっているのだから、まったくのインチキということもないだろう」というわけです。

しかも、テレビや週刊誌《しゅうかんし》は、立派《りっぱ》な肩書《かたがき》をもった二《に》、三《さん》の科学者《かがくしゃ》まで登場《とうじょう》させて、「日本《にほん》の科学者《かがくしゃ》には、こういう不思議《ふしぎ》な事実《じじつ》を目《め》の前《まえ》にしても、それを事実《じじつ》として認《みと》めることもできない頭《あたま》の固《かた》い人《ひと》が多《おお》い。これでは創造的《そうぞうてき》な研究《けんきゅう》はできない。アメリカやソ連《れん》では超能力《ちょうのうりょく》の研究《けんきゅう》を大々的《だいだいてき》にやっている。日本《にほん》でも本格的《ほんかくてき》に研究《けんきゅう》しなければならない」などといわせたのですからたいへんです。

これが本当《ほんとう》なら、テレビを見《み》て超能力《ちょうのうりょく》の実在《じつざい》を信《しん》じはじめた一般人《いっぱんじん》のほうが科学者《かがくしゃ》たちよりもずっと創造的《そうぞうてき》だということにもなりかねません。じっさい、「日本《にほん》の科学者《かがくしゃ》の多《おお》くはお役人《やくにん》的《てき》で創造性《そうぞうせい》にとぼしい」ということは有名《ゆうめい》な事実《じじつ》ですから、ふだん、そんな不満《ふまん》をもっていた人《ひと》たちはこれには大《おお》いに意《い》を強《つよ》くしたにちがいありません。

けれども、何人《なんにん》かの科学者《かがくしゃ》が「スプーン曲《ま》げ」の実験《じっけん》で超能力《ちょうのうりょく》の事実《じじつ》が示《しめ》されたと主張《しゅちょう》したからといって、それですぐにそれがまじめな科学研究《かがくけんきゅう》のテーマとしてとりあげるに値《あたい》するものだと考《かんが》えるのは早すぎます。科学者《かがくしゃ》の中《なか》にもいろいろな人《ひと》がいて、とんだ幻想《げんそう》にとりつかれたり、思《おも》わぬ勘《かん》ちがいをする人《ひと》もいるからです。

国立電子技術総合研究所《こくりつでんしぎじゅつそうごうけんきゅうじょ》の猪俣修二《いのまたしゅうじ》さん（工学博士《こうがくはかせ》）という人《ひと》などは、そういう幻想《げんそう》にとりつかれた人《ひと》だといってまちがいないでしょう。なにしろこの人《ひと》は、ある女子大生《じょしだいせい》が「バスで通《つう》学《がく》の途中《とちゅう》、遅《おく》れそうになって〈遅《おく》れちゃう、遅《おく》れちゃう〉と思《おも》っていたら、いつの間《ま》にか自分《じぶん》自身《じしん》が大学《だいがく》の門《もん》の前《まえ》に立《た》っていた」（『サンデー毎日《まいにち》』1974年《ねん》6月《がつ》9日号《にちごう》）という話《はなし》まで本気《ほんき》にするほど、超能力《ちょうのうりょく》の存在《そんざい》にとりつかれているのです。

この人《ひと》は、はじめ30・073グラムあったスプーンが、念力《ねんりき》で切断《せつだん》されたあと、0・003グラムへったなどといって、いかにも大発見《だいはっけん》であるかのようにいっていますが、これは前《まえ》に「水《みず》の沸騰点《ふっとうてん》は97℃?!」の中《なか》で話題《わだい》にした実験誤差《じっけんごさ》というものの重要性《じゅうようせい》に対《たい》する無知《むち》からおこったものとしか考《かんが》えられません。

意図的《いとてき》なインチキとは限《かぎ》らない

――「科学者《かがくしゃ》」でも忘《わす》れている科学《かがく》の原則《げんそく》――

前《まえ》の章《しょう》に書《か》いたように、有名《ゆうめい》な科学者《かがくしゃ》でも、とんだトリックにひっかかることがあります。1960年《ねん》にノーベル化学賞《かがくしょう》をうけたフランスのアンリ・モアサン（1852〜1907）は、9世紀末《せいきまつ》にはじめて人工《じんこう》ダイヤモンドを作《つく》るのに成功《せいこう》したといわれていました。そのことは今《いま》なお多《おお》くの人名事典《じんめいじてん》や科学史《かがくし》の年表《ねんぴょう》にもでているのですが、じつはあとでそれがインチキであったことが明《あき》らかになりました。

「モアサンのダイヤモンド合成《ごうせい》の研究《けんきゅう》を手《て》伝《つだ》っていた助手《じょしゅ》が、その仕事《しごと》に自分《じぶん》でもうんざりしたし、また先生《せんせい》をよろこばせてやりたいという気《き》持《も》ちもあって、

こっそりダイヤモンドの粉《こな》を実験材料《じっけんざいりょう》のなかにまぜておいた」というのです。「騒《さわ》ぎが大《おお》きくなってみると、弟子《でし》もかくしているのがつらく、未亡人《みぼうじん》にはそのことを告白《こくはく》しておいた」のだそうで、モアサンの死後《しご》、未亡人《みぼうじん》がそのナゾを明《あき》らかにしたというのです（犬塚英夫《いぬづかひでお》『人工結晶《じんこうけっしょう》』岩波新書《いわなみしんしょ》による）。

これに類《るい》する話《はなし》は、ほかにもたくさんあるようです。日本《にほん》でも文化勲章第《ぶんかくんしょうだい》１号《ごう》の長岡《ながおか》半太郎《はんたろう》（１８６５～１９５０）が１９２４年《ねん》に、人工的《じんこうてき》に金《きん》を作《つく》るのに成功《せいこう》したと発表《はっぴょう》したことがありましたが、これも今《いま》では「功《こう》をあせったためのまちがい」であったことが明《あき》らかになっています。

発表者自身《はっぴょうしゃじしん》が意図的《いとてき》にインチキをしたわけでなくても、結果的《けっかてき》にはまったくのデタラメの発表《はっぴょう》をすることもありうるわけです。そこで科学《かがく》の世界《せかい》ではいくら偉《えら》い人《ひと》の研究《けんきゅう》でも、他《ほか》の人《ひと》が同《おな》じ実験《じっけん》をしてたしかめてみることができなければ信用《しんよう》しないことになっているのです。

科学《かがく》というのはそれほどに厳格《げんかく》なものです。それなのにスプーン曲《ま》げの実験《じっけん》をみてすぐ、「念力《ねんりき》だ、超能力《ちょうのうりょく》だ、物質《ぶっしつ》がなくなった」とふれまわる科学者《かがくしゃ》がいるのは、おかしなことです。さらに「他《ほか》の科学者《かがくしゃ》が超能力現象《ちょうのうりょくげんしょう》を認《みと》めないのは頭《あたま》が固《かた》いからだ」とか「独断的《どくだんてき》だからだ」

といったりしていますが、あなたはこれをどう思《おも》いますか。

たしかに、ちょっと考《かんが》えただけだと、超能力現象《ちょうのうりょくげんしょう》をみとめる人《ひと》のほうが認《みと》めない人《ひと》よりも幅《はば》が広《ひろ》く柔軟性《じゅうなんせい》があるように思《おも》えます。ところが、最近《さいきん》のじっさいのようすをみてみると、これはむしろまったく逆《ぎゃく》なのです。超能力現象《ちょうのうりょくげんしょう》の存在《そんざい》を主張《しゅちょう》する人《ひと》は「もしかするとそういうものもあるかもしれない」というのではなくて、独断的《どくだんてき》に「超能力現象《ちょうのうりょくげんしょう》の存在《そんざい》を信《しん》じることから出発《しゅっぱつ》せよ」というのです。

ですからそういう超能力《ちょうのうりょく》を信《しん》じる科学者《かがくしゃ》のほうがふつうの科学者《かがくしゃ》よりもずっと独断的《どくだんてき》で頭《あたま》が固《かた》いといわなければならないでしょう。本気《ほんき》で超能力《ちょうのうりょく》について研究《けんきゅう》したいのなら、少《すこ》しでもトリックがはいりこまないように万全《ばんぜん》の注意《ちゅうい》を払《はら》わなければならないはずなのに、ちょっと超《ちょう》能力《のうりょく》らしい現象《げんしょう》をみると、簡単《かんたん》なトリックも見《み》やぶれないようでは、科学者《かがくしゃ》というよりも超《ちょう》能力信者《のうりょくしんじゃ》というよりほかありません。

忘《わす》れられがちな科学《かがく》の原則《げんそく》

じつはあまりバカバカしいので、いまさらこんなことをいうのは気《き》はずかしいような気《き》がするのですが、もともと物質的《ぶっしつてき》な力以外《ちからいがい》のものでスプーンを曲《ま》げたり折《お》ったりすることなんかできっこないのです。

ところが、ふつうの人《ひと》たちは精神力《せいしんりょく》が物質的《ぶっしつてき》な力《ちから》を及《およ》ぼしうるとなにげなく思《おも》っています。

そこでたとえば私《わたし》たちがこんな問題《もんだい》を出《だ》すとたくさんの人《ひと》がまちがえます。

〔問題《もんだい》１〕はかりにのって体重《たいじゅう》をはかることにします。はかりの上《うえ》にふつうにのったときと片《かた》足《あし》で立《た》ったときと、しゃがんでふんばったときとでは重《おも》さはどうなるでしょう。はかりの上《うえ》で動《うご》くと針《はり》が動《うご》いて正《ただ》しくはかれませんから動《うご》かないようにしてはかることにします。

ア．しゃがんでふんばったときが一番重《いちばんおも》い。

イ．両足《りょうあし》で立《た》ったときが一番重《いちばんおも》い。

ウ．片足《かたあし》で立《た》ったときが一番重《いちばんおも》い。
エ．どれも同《おな》じでかわらない。

たいていの学級《がっきゅう》で、過半数《かはんすう》の子《こ》どもはアが正《ただ》しいと予想《よそう》します。「自分《じぶん》たちのふんばりの力《ちから》が重《おも》さとなってあらわれる」と考《かんが》えているのです。これは「念力《ねんりき》でものを曲《ま》げることができる」というのと似《に》た考《かんが》え方《かた》です。私《わたし》たちはそういう考《かんが》えが正《ただ》しくないことを実験的《じっけんてき》に教《おし》えてやることによって、科学《かがく》の考《かんが》え方《かた》を教《おし》えているのです。この実験《じっけん》をやると、たいていの子《こ》どもはびっくりします。そして「ぼくがやったら」とかわるがわるはかりの上《うえ》にのってふんばってみたりします。しかし何度《なんど》やっても実験《じっけん》するといつもエが正《ただ》しいことがわかるのです。

このような問題《もんだい》ならできる人《ひと》でも、つぎの問題《もんだい》だとたいていの人《ひと》がひっかかります。

〔問題《もんだい》2〕食事《しょくじ》をする前《まえ》に体重《たいじゅう》をはかったらちょうど51キロあった人《ひと》が、ちょうど1キロだけ飲《の》み食《く》いしてそのあとすぐに体重《たいじゅう》をはかりなおしたら、その体重《たいじゅう》はどのくらいになっていると思《おも》いますか。

ア．52キロになる。

イ．51キロのまま。

ウ．51キロと52キロの間《あいだ》。

汗《あせ》をかいたとかなんとかによっても数《すう》グラムぐらいの変化《へんか》は生《しょう》ずるかもしれませんから、少《すこ》しぐらいのことは気《き》にしないことにして考《かんが》えたらどうでしょう。

この問題《もんだい》、私《わたし》は教師《きょうし》や母親《ははおや》でも過半数《かはんすう》の人《ひと》ができないことをたしかめています。多《おお》くの人《ひと》は「食物《しょくもつ》がからだの中《なか》にはいっても、まだ自分《じぶん》のからだになりきっているわけではないから重《おも》さはふえない」とか、「食《た》べた分《ぶん》だけ重《おも》さがふえることはない」などと考《かんが》えるのです。

しかし、実験《じっけん》してみれば、食《た》べた分《ぶん》だけ重《おも》さがふえることはたしかです。ふつうの人《ひと》は、人間《にんげん》のからだのことになるとすぐに、科学的《かがくてき》な原則《げんそく》――ものがふえたりへったりしなければ重《おも》さはかわらない――という原則《げんそく》が適用《てきよう》できなくなると思《おも》ったりするのです。今度《こんど》のスプーン曲《ま》げ事件《じけん》もそういう大衆《たいしゅう》の考《かんが》え方《かた》の弱点《じゃくてん》につけこんだものといえるでしょう。

万《まん》が一《いち》、精神力《せいしんりょく》といったものでスプーンを曲《ま》げることができるとしたら、これはこれまでの自然科学《しぜんかがく》の根底《こんてい》をくつがえす大発見《だいはっけん》ということになります。量子力学《りょうしりきがく》や相対性理論《そうたいせいりろん》の発見《はっけん》も科学《かがく》に大革命《だいかくめい》をもたらしましたが、そんななまぬるいことではありません。それだけではありません。近代社会《きんだいしゃかい》を支《ささ》えている合理的思想《ごうりてきしそう》そのものがくつがえされてしまうのです。念力《ねんりき》でスプーンを曲《ま》げることができると宣伝《せんでん》している人《ひと》たちは遠《とお》くはなれた冷蔵庫《れいぞうこ》や車《くるま》や金《きん》庫《こ》の扉《とびら》さえあけることができるというのですから、推理小説《すいりしょうせつ》の某礎《きそ》はくつがえされます。そして超能力《ちょうのうりょく》をもっていそうな人間《にんげん》は死刑《しけい》にでもしておかないと、ぶっそうで安心《あんしん》して生《い》きていられなくもなるでしょう。

子《こ》どもはもともといたずらが好《す》き

ところで、この事件《じけん》は「小《ちい》さな子《こ》どもたち——純真《じゅんしん》な子《こ》どもたちでも超能力《ちょうのうりょく》でスプーン曲《ま》げができる、だからユリ・ゲラーの超能力《ちょうのうりょく》も本当《ほんとう》なのだ」という形《かたち》で宣伝《せんでん》されたものでした。多《おお》くの人《ひと》はこういう宣伝《せんでん》の仕方《しかた》にもひっかかったようですが、こういう宣伝《せんでん》にひっかからないためにはどうしたらよいのでしょうか。

こういう宣伝《せんでん》にひっかかるのは、宣伝文句《せんでんもんく》を一《ひと》つ一《ひと》つ検討《けんとう》しないで宣伝《せんでん》の強引《ごういん》さや迫力《はくりょく》に圧倒《あっとう》されて、自分自身《じぶんじしん》で考《かんが》えることを放棄《ほうき》するようになるからです。

まず「小《ちい》さな子《こ》どもたちが純真《じゅんしん》でウソなんかつきっこないものであるかどうか」ということに大《おお》きな疑問《ぎもん》の余地《よち》があるはずです。私《わたし》の考《かんが》えでは、このスプーン曲《ま》げ事件《じけん》に登場《とうじょう》した子《こ》どもたちはまったくのいたずら好《ず》きで、おとなをだましてあそぶのが大好《だいす》きな年《とし》ごろだと思《おも》うのですがどうでしょうか。もしそうだとしたら、話《はなし》はよほどかわってきます。

じつは「子《こ》どもは純真《じゅんしん》だ」といってスプーン曲《ま》げの不思議《ふしぎ》さを大《おお》いに宣伝《せんでん》した人《ひと》たち自身《じしん》、子《こ》どもたちのいたずら好《ず》きなことは十分承知《じゅうぶんしょうち》していたはずなのです。

というのは、「ぼくにもスプーンが曲《ま》げられる」と名《な》のり出《で》た子《こ》どもたちの多《おお》くが、だれでもトリックと認《みと》めざるを得《え》ないようなへたな手品《てじな》をやってシャーシャーとしていたことは、超能力宣伝家《のうりょくせんでんか》たち自身《じしん》がいちばんよく知《し》っていたことだったからです。それなのに、それらの宣伝家《せんでんか》たちは人々《ひとびと》の批判《ひはん》の目《め》をくらますために、「スプーン曲《ま》げはトリックだときめつけるのは子《こ》どもの純粋《じゅんすい》な心《こころ》をきずつけるものだ」などといいはったのです。

また超能力《ちょうのうりょく》の宣伝家《せんでんか》たちは、さかんに「小《ち い》さな子《こ》どもの腕力《わんりょく》ではスプーンが曲《ま》げられるはずはない」とも宣伝《せんでん》しました。これをきいてあなたは、「コロンブスの卵《たまご》」のことを思《おも》いだしませんか。大部分《だいぶぶん》の人《ひと》はスプーンがどれほどの力《ちから》で曲《ま》げられるものかためしたことなどないのです。また、スプーン曲《ま》げがさわがれてからも大部分《だいぶぶん》のおとなは、自分《じぶん》でスプーンを曲《ま》げてみることはあまりしなかったでしょう。スプーンは食器《しょっき》であって、曲《ま》げるものではないからです。

しかし、子《こ》どもはちがいます。「もしかすると、僕《ぼく》にもできるかもしれない」というので、たくさんの子《こ》どもたちがスプーンを手《て》で曲《ま》げてみたのです。おとながなかなか曲《ま》がらないと宣伝《せんでん》しているスプーンを、おとなが気《き》のつかないようなトリックや早《はや》わざで曲《ま》げてみせる。そうするとうまくおとなをだますことができます。じっさいにそんないたずらができたら、どんなにたのしいことでしょう。

それに、子《こ》どもたちはそういうことをしても別《べつ》にインチキをしているというようしろめたい気《き》持《も》ちにならなくてもよかったことでしょう。多《おお》くの子《こ》どもたちにとって、超能力《ちょうのうりょく》とは念力《ねんりき》だけでスプーンを曲《ま》げることではなく、おとなや他《ほか》の子《こ》どもができないような芸当《げいとう》をやってみせる能力《のうりょく》のことも意味《い み》していたにちがいないからです。マスコミの人《ひと》たちは、そういう芸当《げいとう》にのって多《おお》くのおとなたちをかついだだけだというわけです。私《わたし》もいたずら半分《はんぶん》に、たくさんの人々《ひとびと》の目《め》の前《まえ》で親指《おやゆび》に力《ちから》を入《い》れてスプーンをみごとにまげて、「あれエ！」というおどろきの声《こえ》を何度《なんど》もきいたことがあります。スプーンが指先《ゆびさき》の力《ちから》で簡単《かんたん》にまがるとは思《おも》っていない人《ひと》が多《おお》かったのです。

そこで私《わたし》はこういうことを考《かんが》えてみました。もしも私《わたし》がこの「いたずら博士《はかせ》の科学教室《かがくきょうしつ》」の第《だい》1章《しょう》に書《か》いた「卵《たまご》を立《た》てる実験《じっけん》」のタネを教《おし》えないで、「私《わたし》はふつうは立《た》ちっこない卵《たまご》をじっとにらんで念《ねん》を送《おく》ることによって立《た》ててみせる」といったらどういうことになったろう、というのです。

おそらく多《おお》くのおとなは「ふーん、おもしろい超能力《ちょうのうりょく》もあるものだなあ」「やっぱり超能力《ちょうのうりょく》というものはあるんだな」などと感心《かんしん》してみせておわりになるでしょう。

しかし、子《こ》どもはちがいます。「もしかすると僕《ぼく》にも立《た》てられるかも」と思《おも》ってやってみる子《こ》どもがたくさんあらわれるでしょう。そして、「僕《ぼく》にも立《た》った。卵《たまご》をじっとにらんで念《ねん》を送《おく》ったら立《た》った」という子《こ》どもが全国《ぜんこく》で数千人《すうせんにん》もあらわれることになるでしょう。その子《こ》どもたちはなにもインチキをしていないのです。

「祈《いの》るように卵《たまご》をじっとにらんで立《た》てるとうまく立《た》つようになる」というのも本当《ほんとう》といえば本当《ほんとう》です。立《た》つと信《しん》じてねばり強《つよ》くやらないとなかなか立《た》たないからです。しかもこうしてもすべての子《こ》どもがすぐに卵《たまご》を立《た》てられるとは限《かぎ》りませんから、立《た》てた子《こ》どもたちは自分《じぶん》の超《ちょう》能力《のうりょく》をほこることができるでしょう。

念力《ねんりき》で感覚《かんかく》を狂《くる》わせる?

しかし、卵《たまご》が立《た》つ話《はなし》はすでに中谷宇吉郎《なかやうきちろう》さんが書《か》いているので、すぐにネタがあがってしまうのでうまくありません。やるなら、先《さき》に書《か》いたマッチ箱《ばこ》の重《おも》さの実験《じっけん》（80ページ）の方《ほう》がずっとしゃれています。これなら知《し》っている人《ひと》はまずいません。そこで私《わたし》ならテレビでこういうことにします。

「みなさん、いまマッチ箱《ばこ》を三《みっ》つ用意《ようい》し、これこれのように重《かさ》ねておいてください。そこで、いま私《わたし》が不思議《ふしぎ》な念力《ねんりき》をおくります。私《わたし》の念力《ねんりき》でもって、マッチ箱一《ばこひと》つだけのときより、あき箱二《ばこふた》つといっしょに三《みっ》つ重《かさ》ねてもった方《かた》がずっと軽《かる》く感《かん》じられるようにしてみせようというのです。はい、念《ねん》を送《おく》ります——三《み》つ重《がさ》ねで軽《かる》くなあれ！　はい、もってみてください」

じっさいにこうしたら、みんな私《わたし》の念力《ねんりき》の強《つよ》さにびっくりしてしまうことでしょう。みんなは一《ひと》つのときより三《みっ》つのときはほうが重《おも》いにきまっていると思《おも》っています。それなのに、それとはまったく相反《あいはん》することが自分《じぶん》でも経験《けいけん》されることになるのですから、信《しん》じないわけにはいきません。そのとき私《わたし》はこういいます。

「みなさんがやっても念力《ねんりき》の強《つよ》い人《ひと》がやれば同《おな》じようにうまくできます。もしかすると、私《わたし》の送《おく》った念《ねん》がいつまでも作用《さよう》して、ここ当分《とうぶん》三《み》つ重《がさ》ねのほうが軽《かる》くなりつづけるかもしれません」

じっさいにこんな実演《じつえん》をやってみせたらどうでしょう。何人《なんにん》かの心理学者《しんりがくしゃ》が有力《ゆうりょく》な発言《はつげん》をするようになるまで、きっと私《わたし》は大部分《だいぶぶん》の人《ひと》をだましつづけられるのではないかと思《おも》います。心理学者《しんりがくしゃ》の断片的《だんぺんてき》な反論《はんろん》なら、大衆《たいしゅう》の前《まえ》でうまく煙《けむり》にまくことも簡単《かんたん》です。手品《てじな》のトリックも見《み》やぶれない無能《むのう》な私《わたし》でも、超能力者《ちょうのうりょくしゃ》になりすますのは簡単《かんたん》なのです。

念力《ねんりき》でこわれた時計《とけい》を動《うご》かすという手品《てじな》も、じつはこれと同《おな》じです。こわれた時計《とけい》は動《うご》きっこないものと思《おも》わせておいて念力《ねんりき》や超能力《ちょうのうりょく》で時計《とけい》を動《うご》かしてみせるというわけですが、なにもユリ・ゲラーが念力《ねんりき》を送《おく》らなくても、こわれた時計《とけい》をどこかからとりだしてくれれば、そのショックや、じっと持《も》った手《て》のふるえなどで、動《うご》き出《だ》す時計《とけい》がいくらもあるものなのです。

こう考《かんが》えてみると、デタラメな超能力《ちょうのうりょく》のトリックを子《こ》どもの遊《あそ》び以上《いじょう》のものとしてかつぎまわったテレビ局《きょく》や週刊誌《しゅうかんし》の力《ちから》のおそろしさが、まざまざと感《かん》じられてくるようです。スプーンを曲《ま》げるなどという、たわいもないような事柄《ことがら》ならともかく、こういう世論操作《せろんそうさ》が政治《せいじ》や経済《けいざい》の問題《もんだい》で行《おこ》なわれたらたいへんです。私《わたし》はこの事件《じけん》をただの喜劇《きげき》として笑《わら》ってばかりいられないような気《き》がしてならないのです。私《わたし》たちはたくさんの国民《こくみん》の心《こころ》を動揺《どうよう》させたこの事件《じけん》を手《て》がかりにして、マスコミのデマ宣伝《せんでん》に対抗《たいこう》できるような力《ちから》を民衆《みんしゅう》の間《あいだ》に広《ひろ》めていかなければならないと思《おも》うのです。

ところで、ふつうの人《ひと》は超能力《ちょうのうりょく》などという現象《げんしょう》は物理学《ぶつりがく》の研究対象《けんきゅうたいしょう》だと思《おも》うかもしれませんが、そうではありません。これはもともと心理学者《しんりがくしゃ》や手品師《てじなし》、奇術師《きじゅつし》の研究対象《けんきゅうたいしょう》だといったほうがよいのです。物理学者《ぶつりがくしゃ》や工学者《こうがくしゃ》は、微妙《びみょう》な感覚《かんかく》をもった人間《にんげん》を扱《あつか》いなれていないので、簡単《かんたん》にだまされてしまうのです。もっとも、心理学者《しんりがくしゃ》だって、昔《むかし》から何度《なんど》もだまされつづけてきました。

しかし、心理学者《しんりがくしゃ》はそのだまされ方《かた》にも興味《きょうみ》をもって研究《けんきゅう》をすすめてきたので、物理学者《ぶつりがくしゃ》や工学者《こうがくしゃ》のようにはだまされにくくなっている人《ひと》が少《すく》なくないのです。アメリカで理論物理学者《りろんぶつりがくしゃ》たちの実施《じっし》したユリ・ゲラーの超能力《ちょうのうりょく》の実験《じっけん》に立《た》ちあった心理学者《しんりがくしゃ》が、その実験《じっけん》を「信《しん》じられないほどだらしのない実験《じっけん》」と決《き》めつけたという（『週刊読売《しゅうかんよみうり》』１９７４年6月5日号）のも、そのような事情《じじょう》によるのでしょう。

「りこうな馬《うま》ハンス」事件《じけん》

超能力《ちょうのうりょく》の実験《じっけん》で、人々《ひとびと》はどれだけごまかされやすいかということを知《し》るには、「りこうな馬《うま》ハンス」の事件《じけん》の話《はなし》がいい手本《てほん》になるでしょう。それはこういう事件《じけん》です。

20世紀《せいき》のはじめころ、ドイツのフォン・オステンという人《ひと》は、「馬《うま》も人間《にんげん》と同《おな》じくらいりこうなのではないか」と思《おも》いこみ、そのことを証明《しょうめい》するためにハンスという名《な》の１頭《とう》の馬《うま》の教育《きょういく》をはじめました。馬《うま》にいろいろなことを教《おし》えて、首《くび》のふり方《かた》や前《まえ》あしで床《ゆか》をたたく数《かず》などで答《こた》えるように仕向《しむ》けたのです。2年間《ねんかん》の教育成果《きょういくせいか》は見事《みごと》でした。ハンスは、「今日《きょう》は何月何日《なんがつなんにち》」ということから、読《よ》み書《か》きや算数《さんすう》の計算《けいさん》までちゃんと答《こた》えることができるようになったというのです。

もちろん、多《おお》くの人《ひと》ははじめのうち半信半疑《はんしんはんぎ》でした。しかし、ハンスの飼《か》い主《ぬし》はこれを金《かね》もうけの手段《しゅだん》に利用《りよう》しようとしませんでしたし、批判的《ひはんてき》な人《ひと》の実験《じっけん》にも応《おう》じました。そこで、飼《か》い主以外《ぬしいがい》の人《ひと》が飼《か》い主《ぬし》のいないところで馬《うま》に質問《しつもん》することも試《こころ》みられましたが、ハンスは立派《りっぱ》に答《こた》えることが明《あき》らかにされました。飼《か》い主《ぬし》がトリックを使《つか》って教《おし》えているわけではないのです。

そこでとうとうこの馬《うま》は「りこうな馬《うま》ハンス」としてその名《な》を広《ひろ》く知《し》られるようになり、有名《ゆうめい》な動物学者《どうぶつがくしゃ》や心理学者《しんりがくしゃ》の委員会《いいんかい》で研究《けんきゅう》されることになりました。委員会《いいんかい》は長《なが》い時間《じかん》をかけて実験《じっけん》して、どこかにトリックがかくされていないか慎重《しんちょう》に検討《けんとう》しました。しかし、委員会《いいんかい》はこの馬《うま》の実験《じっけん》にはどこにもトリックがはいりこむすきがないことを認《みと》めざるを得《え》ませんでした。ハンスは科学者《かがくしゃ》たちの疑惑《ぎわく》をのりこえて、本当《ほんとう》にりこうな馬《うま》であると太鼓判《たいこばん》をおされるようになったのです。

さて、あなたはこの話《はなし》をどう思《おも》いますか。馬《うま》のハンスはどうやって小学校《しょうがっこう》１～２年生《ねんせい》にもできないような計算問題《けいさんもんだい》を解《と》くことができたのだと思《おも》いますか。さらにどんな実験《じっけん》をしてみたらよいと思《おも》いますか。

このりこうな馬《うま》ハンスのナゾはそれから数週間後《すうしゅうかんご》、オスカー・プングストという人《ひと》によって解《と》かれたことが委員会《いいんかい》から発表《はっぴょう》されました。この人《ひと》は、いつもならハンスの答《こた》えられるような質問《しつもん》をカードに書《か》いて、そのカードをよくきり、その束《たば》から１枚《まい》を取《と》り出《だ》し、このカードをハンスだけに見《み》せて、その実験《じっけん》に立《た》ちあう人《ひと》にはだれにも見《み》せないようにしたのです。

プングストさんは、この実験《じっけん》に立《た》ちあっている人《ひと》が知《し》らずしらずのうちに馬《うま》に答《こた》えを教《おし》えているのかもしれないと考《かんが》えて、実験《じっけん》に立《た》ちあっている人《ひと》にも問題《もんだい》を知《し》らせないことにしたわけです。じっさいこの推定《すいてい》はあたりました。いつもはそのカードに書《か》いた質問《しつもん》に正《ただ》しく答《こた》えられるのに、こんどばかりは答《こた》えられなくなったのです。ハンスは、質問者《しつもんしゃ》のほうを見《み》ながらいつまでたっても足《あし》で床《ゆか》をたたきつづけたというのです。

これだけの話《はなし》で、あなたにもナゾがとけましたか。ふつうの実験《じっけん》では、ハンスが正《ただ》しく答《こた》えるかどうか知《し》るために、まず質問者自身《しつもんしゃじしん》、問題《もんだい》の答《こた》えを知《し》っておきます。そして、ハンスが足《あし》で床《ゆか》をたたく数《かず》を心《こころ》の中《なか》で一《ひと》つ一《ひと》つかぞえて、それが答《こた》えにあうかどうかたしかめるのです。そこでハンスが正《ただ》しい数《かず》だけ床《ゆか》をたたいたとき、質問者《しつもんしゃ》はわずかにほっとすることになります。ところが、ハンスは、その人《ひと》のなにげない無意識《むいしき》のうちの表情《ひょうじょう》の変化《へんか》を見《み》のがさずに、床《ゆか》をたたくのをやめて正《ただ》しい答《こた》えを当《あ》てていたというわけです。ですから質問者自身《しつもんしゃじしん》が問題《もんだい》を知《し》らなければ、いくらハンスが床《ゆか》をたたいても質問者《しつもんしゃ》はただ数《かず》をかぞえるだけで、表情《ひょうじょう》の変化《へんか》をおこしません。そこでハンスはついにいつまで床《ゆか》をたたけばよいのかわからなくなってしまったというわけです。それからというもの、プングストさんは自分《じぶん》の表情《ひょうじょう》をちょっと変化《へんか》させただけで、ハンスからどんな解答《かいとう》でもひきだすことができたということです（以上《いじょう》、ミラー『心理学《しんりがく》の認識《にんしき》』白揚社刊《はくようしゃかん》による）。

馬《うま》でもこんなに敏感《びんかん》に人《ひと》の表情《ひょうじょう》をよみとることができるということは、学校《がっこう》での先生《せんせい》の活動《かつどう》に重要《じゅうよう》な教訓《きょうくん》をなげかけるものといえるでしょう。先生《せんせい》の顔色《かおいろ》をうかがうことのうまい子《こ》どもは、すぐに先生《せんせい》の意《い》にかなうような答《こた》えをすることができるようになるからです。学校《がっこう》の先生《せんせい》は子《こ》どもたちにそういう表情《ひょうじょう》のよみとり方《かた》ばかり教《おし》えていることも少《すく》なくないのではないでしょうか。

少《すこ》し脱線《だっせん》しましたが、この「りこうな馬《うま》ハンス」事件《じけん》は、心理的《しんりてき》な実験《じっけん》のやり方《かた》がいかにむずかしいか、ということを示《しめ》すものといえるでしょう。

さて、今回《こんかい》は私《わたし》の一方的《いっぽうてき》な話《はなし》に終始《しゅうし》してしまいました。もしかするとスプーン曲《ま》げをしていた子《こ》どもたちのなかには、自己催眠状態《じこさいみんじょうたい》で自分《じぶん》がどのようなトリックを使《つか》っているのかも意識《いしき》せずにやっていた子《こ》どももいたのではないかと私《わたし》は思《おも》っています。意識的《いしきてき》にウソをつかなければ、ごく自然《しぜん》に人《ひと》の目《め》をごまかすこともできるようになるからです。私《わたし》は東京《とうきょう》の国電《こくでん》の定期券《ていきけん》でもって大阪駅《おおさかえき》の改札口《かいさつぐち》をなにげなく通過《つうか》してしまって、あとで気《き》がついたことが何回《なんかい》もありました。これなど意識《いしき》してやろうと思《おも》ったら、改札《かいさつ》がかりの人《ひと》に見《み》つかってしまうことが多《おお》いのではないでしょうか。

不思議《ふしぎ》な出来事《できごと》の中《なか》には意識的《いしきてき》に仕組《しく》んだトリックか、それとも超自然《ちょうしぜん》の現象《げんしょう》かという二《ふた》つのものに分《わ》けられないものもあることを考《かんが》えにいれておかないと、自分《じぶん》に自分《じぶん》がごまかされてしまうようにもなることをとくに注意《ちゅうい》しておく必要《ひつよう》があるでしょう。

コックリさんはなぜ動《うご》く
――自己催眠《じこさいみん》の恐《おそ》ろしさ――

あなたは、コックリさんというのをごぞんじですか。

コックリさんというのは神秘的《しんぴてき》な占《うらな》いの一種《いっしゅ》です。地方《ちほう》によっては「おキツネさん」とか「お富士《ふじ》さん」とか「精霊《せいれい》さん」とか「霊魂《れいこん》さん」などいろいろの呼《よ》び名《な》があるようですが、原理的《げんりてき》にはみな同《おな》じものです。漢字《かんじ》で「狐狗狸《こくり》」とか「告理《こくり》」と書《か》かれることもあります。

このコックリさんは、昔《むかし》から小《しょう》・中学生《ちゅうがくせい》や高校生《こうこうせい》の間《あいだ》に何回《なんかい》かはやったことがあるので、読者《どくしゃ》のみなさんの中《なか》にも、やったことのある人《ひと》や見《み》たことがあるという人《ひと》がいるかもしれません。それが1974年《ねん》ごろ、とくに超《ちょう》能力《のうりょく》ブームとともに全国的《ぜんこくてき》に大流行《だいりゅうこう》したのです。

　ところで、スプーン曲《ま》げの流行《りゅうこう》は、多《おお》くの人々《ひとびと》の科学《かがく》についての理解《りかい》がいかにあやふやなものであったかということを明《あき》らかにしただけで、真相《しんそう》がわかってしまえば「なあんだ」ということで話《はなし》をおえることもできますが、コックリさんの流行《りゅうこう》の方《ほう》は必《かなら》ずしもそうはいきません。だれかが意識的《いしきてき》にトリックを設《もう》けているというわけでもないので、そのなぞ解《と》きはスプーン曲《ま》げ事件《じけん》よりもずっとむずかしいのです。そこでスプーン曲《ま》げ事件《じけん》の宣伝《せんでん》にはひっかからなかった人《ひと》でも、一度《いちど》コックリさんを体験《たいけん》したりすると、そのナゾが解《と》けなくて神秘的《しんぴてき》な考《かん》えをもつようになりかねません。

流行《りゅうこう》の初《はじ》めは明治時代《めいじじだい》

　コックリさんの流行《りゅうこう》は人々《ひとびと》の間《あいだ》に神秘思想《しんぴしそう》をまきちらして、科学的《かがくてき》、合理的《ごうりてき》な考《かん》え方《かた》の定着《ていちゃく》を拒《こば》む働《はたら》きをするだけではありません。

　じっさい、当時《とうじ》の新聞《しんぶん》や週刊誌上《しゅうかんしじょう》などにはコックリさんの被害《ひがい》が大々的《だいだいてき》にとりあげられるようになってきました。自分《じぶん》の死《し》ぬ日《ひ》を占《うらな》ってノイローゼになった女子大生《じょしだいせい》があらわれたり、コックリさん遊《あそ》びでキツネつきになってキツネみたいに鳴《な》き出《だ》した女子大生《じょしだいせい》もでているというのです。私《わたし》の親《した》しいY先生《せんせい》の息子《むすこ》さんのクラスメートが先日自殺《せんじつじさつ》したのも、実《じつ》は神秘思想《しんぴしそう》にこって、おじいさんの待《ま》っているというあの世《よ》にいそいだことが原因《げんいん》だったということです。

神秘的《しんぴてき》なコックリさんの流行《りゅうこう》は、このようにかなりひどい実害《じつがい》を及《およ》ぼします。ところがいまのところ、このコックリさんのナゾを十分科学的《じゅうぶんかがくてき》に説明《せつめい》して多《おお》くの人々《ひとびと》を納得《なっとく》させることのできるような人《ひと》はほとんどいないというのが実情《じつじょう》です。『狐狗狸《こっくり》さんの秘密《ひみつ》』などという本《ほん》もでていますが、その本《ほん》も「迷信《めいしん》におちいらないように」といいながら、神秘的思想《しんぴてきしそう》をあおるものでしかありません。そこで今回《こんかい》は、スプーン曲《ま》げ事件《じけん》につづいてコックリさんを話題《わだい》にしたいと思《おも》います。

コックリさんというのは、スプーン曲《ま》げとはちがって、最近《さいきん》の発明《はつめい》になるものではありません。明治《めいじ》十八年《ねん》～二十一年《とし》ごろにも日本中《にほんじゅう》で大流行《だいりゅうこう》したことがあります。

昔《むかし》のコックリさんはつぎのページの絵《え》のように、長《なが》さ40～50センチの棒《ぼう》3本《ぼん》の上《うえ》に板《いた》をのせた台《だい》をつくってやるようになっていましたが、のちにそれが割《わ》り箸《ばし》で代用《だいよう》され、近《ちか》ごろは１枚《まい》の紙《かみ》の上《うえ》にコイン（10円玉《えんだま》）を１枚《まい》おいてやる方法《ほうほう》が普及《ふきゅう》しているようです。

まず紙《かみ》の上《うえ》に鳥居《とりい》のしるしを書《か》き、「ハイ」「イイエ」とか、数字《すうじ》や五十音《ごじゅうおん》などを書《か》いておき、コインを鳥居《とりい》の上《うえ》においておきます。まず、コインの上《うえ》に２、３人《にん》が指《ゆび》を軽《かる》くのせ、「コックリさん、コックリさんおはいりください」と何《なん》べんもとなえ、数分間《すうふんかん》指《ゆび》をコインの上《うえ》にのせたままじっと待《ま》っていると、「コックリさん」が来《く》るというしかけになっているのです。

「コックリさん」が実際《じっさい》に来《き》たかどうかは、つぎに「コックリさん、コックリさん、来《き》てくださいましたらハイのところまでお進《すす》みください」ときいたとき、コインにふれていた指《ゆび》がひとりでに動《うご》いてコインを「ハイ」のところにはこぶかどうかでわかるのです。

井上円了『妖怪学談義』（1896）より

こんなことをいうと、「そんなバカな!」という人《ひと》があることでしょう。「指《ゆび》やコインなんかがひとりでに動《うご》くことなんかありっこない」というのが常識《じょうしき》だからです。

「もしも本当《ほんとう》に指《ゆび》やコインが動《うご》くなら、それはだれかがわざと動《うご》かしているにちがいない」と考《かんが》えるのがあたりまえです。ところがその常識《じょうしき》というのがくせものなのです。じっさいにやってみると、本当《ほんとう》に指《ゆび》やコインがひとりでに動《うご》いてしまうことがあるからです。

そこでそれまで「そんなバカなことがあるものか」と思《おも》っていた人《ひと》ほどびっくりしてしまいます。

もっとも、コインはだれがやってもひとりでに動《うご》きだすものではありません。大《だい》なり小《しょう》なり「コックリさんという超自然的《ちょうしぜんてき》なものの存在《そんざい》を信《しん》じてもよい」と思《おも》っている人《ひと》、疑《うたが》い深《ぶか》くない人《ひと》の場合《ばあい》にかぎってよく成功《せいこう》するというのです。そこで昔《むかし》から、「暗示《あんじ》にかかりやすい子《こ》どもや女性《じょせい》だとうまくいく」といわれています。

コインが自然《しぜん》に「ハイ」のところまで動《うご》いて「コックリさん」の来《き》たことがわかったら、こんどはコックリさんにいろいろなことを質問《しつもん》することが出来《でき》るようになります。

たとえば、「コックリさん、コックリさん、◯◯先生《せんせい》のとしは三十代《さんじゅうだい》でしょうか」などときいて、コインがまた自然《しぜん》に「ハイ」や「イイエ」のしるし（または数字《すうじ》）のところに動《うご》くのをみて、コックリさんの答《こた》えを知《し》るというわけです。しかもその答《こた》えはしばしばよく当《あ》たるというのです。

「そんなバカなこと、おこりっこないのに」とまたまた反論《はんろん》されそうです。しかし、それがしばしばおこってしまうのですからしかたがありません。これなど、自分《じぶん》でも半信半疑《はんしんはんぎ》でやってみて実際《じっさい》その通《とお》りになってしまったりすると、「これこそ超能力《ちょうのうりょく》だ、心霊《しんれい》のしわざだ」と思《おも》いこんでしまう人《ひと》がたくさんあらわれるようになります。私《わたし》がある小学校《しょうがっこう》をたずねたとき、6年生《ねんせい》のほとんど全員《ぜんいん》がコックリさんの不思議《ふしぎ》さに圧倒《あっとう》されていたのにはおどろきました。

その子《こ》どもたちは口《くち》ぐちにいいました。「だって僕《ぼく》は○○先生《せんせい》の年《とし》を知《し》らなかったのに当《あ》たったんだよ」「はじめにちゃんと礼儀正《れいぎただ》しくコックリさんを呼《よ》んでおかないとうまくいかないいんですよ。だからやっぱり本当《ほんとう》にコックリさんというのがいるんじゃないのですか」などというのです。

あなたはこれをどう思《おも》いますか。この場合《ばあい》、子《こ》どもたちはウソをついたり、なにかトリックにひっかかっているのでしょうか。

ナゾはとっくに解明《かいめい》ずみ

このナゾはふつうの人《ひと》にはなかなか解《と》けません。そこで人々《ひとびと》はあやしげな超能力宣伝家《ちょうのうりょくせんでんか》の口車《くちぐるま》にのって、超能力《ちょうのうりょく》だの念力《ねんりき》だの精神集中法《せいしんしゅうちゅうほう》だのというものを信《しん》じこまされてしまうことになります。

しかし、じつはこのコックリさんのナゾはもうずっと前《まえ》に解明《かいめい》ずみなのです。哲学者《てつがくしゃ》の井上《いのうえ》円了博士《えんりょうはかせ》は、コックリさんがはじめて大流行《だいりゅうこう》した明治《めいじ》二十年《ねん》に、『哲学会雑誌《てつがくかいざっし》』で、もうそのナゾ解《と》きの骨子《こっし》を明《あき》らかにしてしまっているのです。そして同《おな》じ年《とし》にそれをまとめて『妖怪《ようかい》玄談《げんだん》――狐狗狸《こくり》の事《こと》』という本《ほん》を出《だ》しているくらいです。

ここではごく簡単《かんたん》にそのナゾ解《と》きをしてみせることにしましょう。

コックリさん――つまりコインを動《うご》かすもの、それはそのコインに指《ゆび》を軽《かる》くふれさせている人々自身《ひとびとじしん》よりほかにはありません。ただ、その人々《ひとびと》はそのコインを意識的《いしきてき》に動《うご》かしているわけではなく、その人々《ひとびと》の潜在意識《せんざいいしき》が知《し》らず知《し》らずのうちに指先《ゆびさき》を運動《うんどう》させるので、ひとりでに動《うご》くように思《おも》えるのです。

私《わたし》たち人間《にんげん》の潜在意識《せんざいいしき》と、それによって生《しょう》ずる筋肉《きんにく》の運動《うんどう》というものは、なかなかばかにできないものです。

私《わたし》はいつも東京《とうきょう》の新宿駅《しんじゅくえき》で乗《の》りかえて研究所《けんきゅうじょ》にかよっているのですが、「今日《きょう》は他《ほか》の用事《ようじ》で他《ほか》のホームに上《のぼ》らなければならない」などと考《かん》えながらも、知《し》らぬ間《ま》にいつものホームに上《のぼ》りはじめている自分《じぶん》に気《き》づいて、あわてて引《ひ》きかえしたことが一度《いちど》や二度《にど》ではありません。私《わたし》の意志《いし》とは無関係《むかんけい》に、私《わたし》の足《あし》がいつものようにひとりでにあるき出《だ》してしまうことがあるのです。よっぱらいがまったく無意識《むいしき》のうちに家《いえ》にたどりつくというのも同《おな》じことでしょう。

また私《わたし》はときどきこんな失敗《しっぱい》をしてびっくりすることがあります。うす暗《くら》い階段《かいだん》などで考《かんが》えごとをしたりしながら階段《かいだん》をおりるとき、知《し》らず知《し》らずのうちに出《で》た足《あし》がものすごい力《ちから》で床《ゆか》にぶつかってびっくりするのです。階段《かいだん》がもう１段《だん》あるものとなんとなく勘《かん》ちがいして足《あし》をもう一歩《いっぽ》おろそうとしたのがいけないわけでしょうが、その「知《し》らず知《し》らずのうちの足《あし》の動《うご》かしかた」がこんなにも強《つよ》いものかと、いつもあらためてびっくりさせられるのです。

コックリさんのコインが動《うご》くのも、これと同《おな》じような無意識的《むいしきてき》な指先《ゆびさき》の運動《うんどう》の結果《けっか》によるのです。コックリさんに使《つか》う道具《どうぐ》は、昔《むかし》も今《いま》もちょっとした力《ちから》で簡単《かんたん》に動《うご》くようになっています。

それに、数分間《すうふんかん》も指先《ゆびさき》をコインの上《うえ》に軽《かる》くのせてじっとしているのはむずかしいことです。そこで少《すこ》したつと知《し》らず知《し》らずのうちに指先《ゆびさき》がゆれ動《うご》くようになります。そんなとき無意識《むいしき》のうちに「コックリさんはこう答《こた》えるだろう」などと思《おも》っていると、それが自然《しぜん》に指先《ゆびさき》の運動《うんどう》となってコインを動《うご》かすのです。コックリさんなどをまるで信《しん》じようとしない人《ひと》の場合《ばあい》には、コインはでたらめにゆれ動《うご》くだけで、一定《いってい》の方向《ほうこう》に動《うご》くことはないのです。

当《あ》たらない未来《みらい》のこと

ですから、コックリさんは、それをやる人《ひと》がよく知《し》っていることならよく当《あ》たりますが、その人《ひと》たちがあて推量《ずいりょう》するほかないようなことについてはあまり当《あ》たらなくなります。そのことは、コックリさんをかなり信《しん》じている人《ひと》でも認《みと》めることです。文化放送《ぶんかほうそう》の深夜番組《しんやばんぐみ》「セイ！ヤング」では、バンバン君《くん》という番組《ばんぐみ》のアシスタントの「出身学校《しゅっしんがっこう》、死《し》ぬ年齢《ねんれい》、彼《かれ》が考《かんが》えた三《みっ》つの文字《もじ》」を、「視聴者《しちょうしゃ》がそれぞれ呼《よ》び出《だ》したコックリさんに当《あ》ててもらう」という試《こころ》みをしたところ、視聴者《しちょうしゃ》から500通《つう》もの回答《かいとう》が集《あつ》まりました。ところが、「出身学校《しゅっしんがっこう》」と「考《かんが》えた文字《もじ》」についてはまったく当《あ》たらず、「死《し》ぬ年齢《ねんれい》」についてはまったくまちまちな答《こた》えが寄《よ》せられたにすぎなかったということです。

このように、コックリさんというのは、それをやる人《ひと》がまるで知《し》らないことだと当《あ》たりっこないのです。コックリさんをやる人《ひと》の潜在意識《せんざいいしき》がもとになって動《うご》くわけですから、ときには自分《じぶん》の無意識的《むいしきてき》な勘《かん》や潜在意識《せんざいいしき》をうまく引《ひ》き出《だ》すのに使《つか》うことが出来《でき》るかもしれません。

東京都武蔵村山市《とうきょうとむさしむらやまし》の水道課《すいどうか》が、埋没《まいぼつ》した水道管《すいどうかん》を探《さが》すのに「針金探知機《はりがねたんちき》（コックリさんの一種《いっしゅ》）」を使《つか》っている、というはなしが、1974年《ねん》のはじめに、話題《わだい》になりました。

L字型《じがた》に曲《ま》げた2本《ほん》の針金《はりがね》を両手《りょうて》に1本《ぽん》ずつ胸《むね》のところで軽《かる》く支《ささ》えて歩《ある》くと、水道管《すいどうかん》のあるところで、2本《ほん》の針金《はりがね》の先端《せんたん》が左右《さゆう》にひろがるというのです。

水道課《すいどうか》の人《ひと》はいつも「水道管《すいどうかん》はきっとこの方向《ほうこう》にのびているだろう」という自分《じぶん》の勘《かん》と図面《ずめん》とをたよりに地面《じめん》を掘《ほ》りすすまなければなりません。水道管《すいどうかん》はでたらめに埋《う》まっているわけではありませんから、長年同《ながねんおな》じ仕事《しごと》をしていれば勘《かん》がよく当《あ》たるようになります。ですから、そういう勘《かん》のよく発達《はったつ》した人《ひと》が、たとえば「コックリさん探知機《たんちき》」というものを信《しん》じてやればうまく当《あ》たるが、ふつうの人《ひと》がやったのでは当《あ》たらないということになります。

もっとも、水道課《すいどうか》の人《ひと》でなくても、足下《あしもと》の見《み》えるところに水道管《すいどうかん》をおいてそれを見《み》ながら「コックリさん探知機《たんちき》」におうかがいをたてるような実験《じっけん》をすれば、暗示《あんじ》にかかりやすい人《ひと》ならいつも同《おな》じような結果《けっか》がでるようになります。

つまり、コックリさんはなにも神秘的《しんぴてき》な力《ちから》によっておこるわけでなく、自己催眠状態《じこさいみんじょうたい》におかれた人間《にんげん》の心理《しんり》の働《はたら》きによっておこる、ごく自然《しぜん》な現象《げんしょう》なのです。ですから、なんでもかんでもコックリさんにおうかがいをたててその結果《けっか》を信《しん》じるとなったら、思《おも》わぬ被害《ひがい》もまねきかねないのです。

ところでコックリさんの本家《ほんけ》は日本《にほん》ではなく、明治《めいじ》のはじめに西洋《せいよう》からはいってきたもののようです。

西洋《せいよう》のコックリさんは、机転術《きてんじゅつ》（テーブル・ターニング）とか、机話術《きわじゅつ》（テーブル・トーキング）と呼《よ》ばれています。やはり2、3人《にん》がテーブルに軽《かる》く手《て》を触《ふ》れて待《ま》っているうちに、テーブルのどれかの足《あし》がすこし浮《う》いたり回《まわ》ったりすることで、〈コックリさん〉のお告《つ》げを知《し》ることができるようになっていました。

しかしこちらのほうも、テーブルにふれた手《て》の力《ちから》が動《うご》かしていることを、有名《ゆうめい》な科学者《かがくしゃ》ファラデーが、百年以上《ひゃくねんいじょう》も前《まえ》に実験《じっけん》してたしかめています。

コックリさんも結局《けっきょく》のところ、それに触《ふ》れている人《ひと》の手《て》が動《うご》かしているのです。

自己催眠《じこさいみん》のおそろしさ

ところが、超能力信者《ちょうのうりょくしんじゃ》のなかには、「だれも手《て》にふれないコックリさんが心霊《しんれい》の力《ちから》だけで動《うご》いたことがある」などというあやしげな報告《ほうこく》をまにうけている人《ひと》もいます。しかしこれは「手《て》を触《ふ》れなくてもスプーンが曲《ま》がる」というのと同《おな》じような、トリックか錯覚《さっかく》によるものと見《み》てさしつかえありません。

テーブルターニングをする人々（1853）

コックリさんをうまくできる人《ひと》は一種《いっしゅ》の自己催眠《じこさいみん》、自己暗示《じこあんじ》にかかるので、深入《ふかい》りすると催眠術《さいみんじゅつ》にかかったときと同《おな》じような現象《げんしょう》を生《しょう》ずることになります。催眠術《さいみんじゅつ》にかかった人《ひと》が、ただの水《みず》をお酒《さけ》だといって飲《の》まされてよっぱらったり、「あなたは犬《いぬ》になった」と暗示《あんじ》をかけられて犬《いぬ》のまねをしたりするように、コックリさんに深入《ふかい》りすると、催眠術《さいみんじゅつ》にかかった人《ひと》のように、幻想《げんそう》と現実《げんじつ》とをとりちがえることにもなるのです。コックリさんをよぶときのもっともらしい儀式《ぎしき》は、それをやる人々《ひとびと》に自己催眠《じこさいみん》をおこさせるために大事《だいじ》な役割《やくわり》をもっているのです。だから、そういう人《ひと》がいくら「自分《じぶん》でたしかに見《み》た、やった」といっても簡単《かんたん》に信《しん》じるわけにはいきません。スプーン曲《ま》げにしても、もしかすると自己催眠《じこさいみん》にかかった人《ひと》が自分《じぶん》で力《ちから》を入《い》れて曲《ま》げているのに気《き》づかず、念力《ねんりき》、超能力《ちょうのうりょく》で曲《ま》がったと思《おも》いこんでいる人《ひと》もいるのではないかと私《わたし》は思《おも》っています。

催眠術《さいみんじゅつ》は人間《にんげん》の心理《しんり》の法則《ほうそく》をたくみに利用《りよう》して他人《たにん》に暗示《あんじ》をかける技術《ぎじゅつ》で、精神病《せいしんびょう》などの治療《ちりょう》に役立《やくだ》てることができます。しかし、催眠術《さいみんじゅつ》というのはもともと自己《じこ》を他人《たにん》の暗示《あんじ》にまかせきってしまうというので、利用《りよう》の仕方《しかた》いかんによってはおそろしい結果《けっか》をよびおこしかねません。原水爆《げんすいばく》や公害《こうがい》よりもさらに直接的《ちょくせつてき》に人間《にんげん》を破滅《はめつ》させるおそれがあるのです。

催眠術《さいみんじゅつ》も、コックリさんと同《おな》じく超能力《ちょうのうりょく》ブームとともに子《こ》どもたちの間《あいだ》にひろく流行《りゅうこう》したようですが、これはおそろしいことです。無責任《むせきにん》な人《ひと》のなかには、「催眠術《さいみんじゅつ》にかかったり、コックリさんがうまくできる能力《のうりょく》」のことを、「心霊能力《しんれいのうりょく》」だ「超能力《ちょうのうりょく》」だなどと美化《びか》している人《ひと》たちがいますが、おかしなことです。

この能力《のうりょく》は「自己《じこ》を失《うしな》う能力《のうりょく》」「神秘的《しんぴてき》な暗示《あんじ》にかかる能力《のうりょく》」ともいえるので、ふつうの人間的能力《にんげんてきのうりょく》とは正反対《せいはんたい》の意味《いみ》をもつ能力《のうりょく》といえるからです。多《おお》くの人々《ひとびと》が、テレビその他《ほか》のマスコミの集団催眠術《しゅうだんさいみんじゅつ》や暗示《あんじ》に簡単《かんたん》にかかるようになったらたいへんです。それこそスプーン曲《ま》げ事件《じけん》のようなことではすみません。マスコミの発達《はったつ》した現代《げんだい》では、とくにマスコミの大量《たいりょう》宣伝《せんでん》の暗示《あんじ》にやすやすとひっかからないような人間《にんげん》を育《そだ》てる必要《ひつよう》があるのです。

超能力《ちょうのうりょく》と科学《かがく》の立場《たちば》

超能力《ちょうのうりょく》の宣伝家《せんでんか》たちは、「現代《げんだい》でも科学《かがく》では割《わ》りきれないような不思議《ふしぎ》な現象《げんしょう》がたくさんある」と力説《りきせつ》しています。しかしそんなことはなにも超能力宣伝家《ちょうのうりょくせんでんか》にいわれるまでもなく、科学者《かがくしゃ》がもっともよく知《し》っているといえるでしょう。科学《かがく》を学《まな》べば学《まな》ぶほど、まだわからないことがどんどんでてくるからです。しかし、だからといって超能力《ちょうのうりょく》が実在《じつざい》するときめこむのは、あまりにも性急《せいきゅう》だといわなければなりません。

まだ科学《かがく》では解決《かいけつ》されていない問題《もんだい》は無限《むげん》にたくさんあるのですが、科学《かがく》は、それまで神秘《しんぴ》的《てき》にしか考《かんが》えられなかったことの正体《しょうたい》をつぎつぎに明《あき》らかにしてきたこともまた事実《じじつ》なのです。そして、「科学《かがく》は、ものごとを神秘的《しんぴてき》に独断的《どくだんてき》に考《かんが》える人《ひと》たちによってではなく、合理的《ごうりてき》に解《と》き明《あ》かそうという人々《ひとびと》によってのみ進歩《しんぽ》させられてきた」ということも忘《わす》れてはならない事実《じじつ》です。

これまでの科学《かがく》の進歩《しんぽ》はそういう数々《かずかず》の成果《せいか》をふまえているのです。ですから、多《おお》くの科学者《かがくしゃ》が神秘的《しんぴてき》な超能力《ちょうのうりょく》などというものを頭《あたま》から否定《ひてい》してかかるのも、「それらの科学者《かがくしゃ》の頭《あたま》がかたいから」とはいえません。近代科学《きんだいかがく》は神秘主義的《しんぴしゅぎてき》な考《かん》え方《かた》とたえずたたかう中《なか》から築《きず》かれてきたという伝統《でんとう》をもっているのです。

近代科学《きんだいかがく》のそういう伝統《でんとう》をよくわきまえない科学者《かがくしゃ》の中《なか》には、他人《たにん》をだしぬく功《こう》をあせる幻想的《げんそうてき》な科学者《かがくしゃ》もいて、超能力《ちょうのうりょく》のトリックにひっかかることは昔《むかし》から何度《なんど》も見《み》られたことで、奇《き》とするにあたりません。

現代《げんだい》は、科学《かがく》が少数《しょうすう》の支配者《しはいしゃ》の手《て》ににぎられて数々《かずかず》の害毒《がいどく》を流《なが》している時代《じだい》です。だからこそ、科学《かがく》を民衆《みんしゅう》の手《て》にとりかえす必要《ひつよう》があります。自分自身《じぶんじしん》でものごとを科学的《かがくてき》・合理的《ごうりてき》に考《かんが》えていく能力《のうりょく》と態度《たいど》が、今日《こんにち》ほど大事《だいじ》になっているときはないでしょう。そんなときに、神秘《しんぴ》的《てき》な超能力《ちょうのうりょく》ブームがおきることはまったく危険《きけん》なことです。神秘主義的《しんぴしゅぎてき》な考《かんが》えは、ものごとを科学的合理的《かがくてきごうりてき》に考《かんが》えることを断念《だんねん》させて、だれかの考《かんが》えを暗示《あんじ》によって独断的《どくだんてき》に信《しん》じさせるものにほかならないからです。

だまされない方法《ほうほう》はあるか

──4月1日《がつついたち》は「うそ・デマ予防《よぼう》の日《ひ》」──

あなたは、4月1日《がつついたち》が何《なん》の日《ひ》だか知《し》っていますか。

そうです。新《あたら》しく学校《がっこう》に入《はい》る人《ひと》にとっては入学式《にゅうがくしき》の日《ひ》、官庁《かんちょう》では新《あたら》しい会計年度《かいけいねんど》のはじまる日《ひ》ですが、この日《ひ》は「エイプリル・フール（4月《がつ》ばか）の日《ひ》」でもあります。

この日《ひ》には、さまざまな軽《かる》いいたずらやまことしやかなうそをついて、他人《たにん》をかついだり、むだ足《あし》をふませたりしてもよい──という日《ひ》なのです。

4月1日《がつついたち》がそういう「いたずら・うそ公認《こうにん》の日《ひ》」となっていることは、いまでは日本《にほん》でもかなり多《おお》くの人々《ひとびと》が知《し》っているようです。ところが、たいていの人《ひと》はつ

いうっかりしてこの日《ひ》のことを忘《わす》れてしまい、だれかにうそをつかれて、大分《だいぶん》からかわれてからやっと気《き》づいたりします。だからまあ、「いたずらをしてうそをつくのもたのしみ」ということにもなるでしょう。

ふつう、うそをつくことは悪《わる》いことだとされています。なにしろ「うそつきはドロボウのはじまり」ということわざがあるくらいです。その考《かんが》えからすると「うそをついてもいい日《ひ》」などという日《ひ》は、不道徳《ふどうとく》きわまりない日《ひ》ということになります。しかし、「うそをついてもいい日《ひ》なんてけしからん」などと大《おお》まじめに論《ろん》じる人《ひと》なぞ、いそうにありません。「1年《ねん》に1日《にち》ぐらい、じょうだんにうそをついていたずらをする日《ひ》があったっていいだろう」と考《かんが》えられているからでしょう。

「うそをつくのは悪《わる》いことだ」ということになってはいても、うそをつくことにはたのしい面《めん》もあることは否定《ひてい》できないのです。そこで多《おお》くの人々《ひとびと》は、もともと日本《にほん》のものではなかったエイプリル・フールの習慣《しゅうかん》を、おもしろがってとり入《い》れようとしたりしているのでしょう。

なぜ「4月1日《がつついたち》」なのか

それなら、「4月1日《がつついたち》にはうそをついていたずらをしてもいい」などというおかしな習慣《しゅうかん》は、いつごろどこでどのようにしてはじまったのでしょうか。「いたずら博士《はかせ》の誕生日《たんじょうび》が4月1日《がつついたち》だから、その日《ひ》がいたずらの日《ひ》になった」などというのは、つまらないうそにすぎません。そこで、平凡社《へいぼんしゃ》の『世界大百科事典《せかいだいひゃっかじてん》』などでしらべてみました。ところがどうもこの起源《きげん》についてはいろんな説《せつ》があって確定《かくてい》していないようです。

そこで、もっとも普及《ふきゅう》しているという説《せつ》を紹介《しょうかい》しておきましょう。

昔《むかし》のヨーロッパでは、1年のはじまりが1月1日《がつついたち》とは決《き》まっていませんでした。14～15世紀《せいき》ごろのイギリスやフランスでは、3月《がつ》25日《にち》が新年《しんねん》のはじまりとされていたのです。「いまの3月《がつ》25日《にち》を1月1日《がつついたち》と呼《よ》んでいた」というわけではありません。3月《がつ》25日《にち》のままで新《あたら》しい年《とし》のはじまりとされていたのです。「そんな馬鹿《ばか》な」という人《ひと》もあるでしょうが、これは決《けっ》してうそではありません。

ひとつ考《かんが》えてみてください。「今年《ことし》は西暦《せいれき》1977年《ねん》だ」というときの西暦《せいれき》の年《とし》の数《かぞ》え方《かた》は、もともとキリストがこの世《よ》に現《あらわ》れた（と考《かんが》えられていた）年《とし》をもとにして数《かぞ》えられてきたものです。そこで、「キリスト出現以来何年《しゅつげんいらいなんねん》」という数《かぞ》え方《かた》を忠実《ちゅうじつ》に守《まも》ろうとすると、キリスト出現《しゅつげん》の「日《ひ》」も考《かんが》えに入《い》れて年数《ねんすう》を数《かぞ》えなければならなくなります。満年齢《まんねんれい》の数《かぞ》え方《かた》では、その人《ひと》の誕生日《たんじょうび》ごとに年齢《ねんれい》の改《あらた》まるのと同《おな》じことです。

それでは、「キリスト出現《しゅつげん》の日《ひ》」はいつかというと、考《かんが》えようによっては、キリストの「受胎告知《じゅたいこくち》の日《ひ》」つまり3月《がつ》25日《にち》（12月《がつ》25日《にち》のキリストの誕生日《たんじょうび》の9か月前《げつまえ》）ということになります。そこで、ヨーロッパでは3月《がつ》25日《にち》を年《とし》の変《か》わり目《め》とする考《かんが》え方《かた》が長《なが》い間《あいだ》つづいていたのです。

じつは私《わたし》も長《なが》い間《あいだ》このことを知《し》らずに、ずいぶんとまどったことがありました。というのは、17世紀《せいき》のイギリスの学会《がっかい》の印刷物《いんさつぶつ》などをみると、その日付《ひづけ》に「1663／4年《ねん》1月《がつ》20日《はつか》」などと印刷《いんさつ》されているものがあって、その意味《いみ》がわからずに困《こま》ったのです。

The form of the particular warrant.

" Theſe are to will and require you, that one body, either man or woman, exe-
" cuted at Tyburn, this preſent —— being the —— day of —— ſuch as the
" bearer hereof R. S. ſhall chooſe, be delivered unto the ſaid —— at the time
" and place of the ſaid execution, for the uſe of the Royal Society, he paying the
" ordinary fees for the ſame. Given under my hand the day and year above-
" written.

" To all, whom this may concern."　　　　Signed by the Preſident.

It was ordered, that the treaſurer, Mr. Hill, pay the operator's bill from November 23, 1663, to January 20, 166¾: And

That the operator for the future bring in his bills weekly.

10 行目を見てください。11 月（November）は 1663 年ですが，1 月（January）は 166¾ 年になっています。*History of the Royal Society of London*（1756-57）から。

じつは、これは、いまならただ「1664年《ねん》1月《がつ》20日《はつか》」と書《か》けばすむところなのですが、「3月《がつ》25日《にち》までは、まだキリスト出現以来満《しゅつげんいらいまん》1664年目《ねんめ》に入《はい》っていない」というので、1663年《ねん》というほうも並記《へいき》してあるというわけだったのです。

新年《しんねん》の祭《まつ》りは春《はる》だった

さて、話《はなし》が少《すこ》しそれましたが、3月《がつ》25日《にち》といえば、1月1日《がつついたち》とちがってもうあたたかい春《はる》がはじまる季節《きせつ》です。そこで多《おお》くの人々《ひとびと》は、宗教的《しゅうきょうてき》な理由《りゆう》がなくてもこの日《ひ》のほうが年《とし》の変《か》わり目《め》にふさわしいと思《おも》っていたにちがいありません。フランスなどでは長年《ながねん》の間《あいだ》、3月《がつ》25日《にち》から春《はる》の祭《まつ》りをはじめて、その最終日《さいしゅうび》4月1日《がつついたち》には贈《おく》り物《もの》を交換《こうかん》するようなならわしがつづいていたようです。

フランスで新年《しんねん》のはじまりが1月1日《がつついたち》に改《あらた》められたのは1564年《ねん》のことだといいますが、フランスの民衆《みんしゅう》はその後《ご》も依然《いぜん》として、古《ふる》い新年《しんねん》の祭《まつ》りの最終日《さいしゅうび》——4月1日《がつついたち》の贈《おく》り物《もの》の交換《こうかん》をたのしみつづけました。

そして、王様《おうさま》が勝手《かって》に新年《しんねん》のはじめをかえてしまったことに不満《ふまん》な人々《ひとびと》のなかに、4月1日《がつついたち》の古《ふる》い新年《しんねん》の祭《まつ》りをしのんで、でたらめな贈《おく》り物《もの》をしたり、新年宴会《しんねんえんかい》のまねをしてふざけるならわしがはじまったということです。これがヨーロッパ各国《かっこく》にひろがって、17世紀《せいき》のはじめにはイギリスにも伝《つた》わり、エイプリル・フールのならわしになったということです。

これだけの説明《せつめい》では、じつは私《わたし》にもよく納得《なっとく》できないのですが、これ以上《いじょう》のことはあまりわからないようです。もしかすると、古《ふる》くからのしきたりと新《あたら》しい習慣《しゅうかん》のギャップを利用《りよう》して、4月1日《がつついたち》に「今日《きょう》どこそこで新年宴会《しんねんえんかい》をするから」などとうそをついて、他人《たにん》をかついだりした人々《ひとびと》が、この「4月《がつ》ばか」の日《ひ》を生《う》みだしたのかもしれません。

とにかく、一年《いちねん》に一度《いちど》ぐらいはうそをつき合《あ》うことのおもしろさに気《き》づいた人々《ひとびと》が、「この日《ひ》だけは、悪意《あくい》のないうそをつかれてもあまりおこらないことにしよう」という習慣《しゅうかん》を作《つく》りあげてきたにちがいありません。

このエイプリル・フールのことを英語《えいご》ではオール・フールズ・デイ（みんなばかの日《ひ》）ともいいます。日本《にほん》ではこれが大正《たいしょう》ごろに「万愚節《ばんぐせつ》」と訳《やく》されてとり入《い》れられるようになったようです。

企業《きぎょう》や政治《せいじ》のつくうそ

道徳教育《どうとくきょういく》のなかで「うそをついてはいけない」ということがことさらに強調《きょうちょう》されるのは、社会《しゃかい》の中《なか》でうそが横行《おうこう》すると、社会生活《しゃかいせいかつ》そのものが成《な》りたたなくなってしまうからでしょう。「だれかがうそをついているのではないか」といつも疑《うたが》っていたのでは、安心《あんしん》して生活《せいかつ》しているわけにはいきません。

とくに今日《こんにち》の社会《しゃかい》では、だれがどのようにして作《つく》ったのか直接知《ちょくせつし》り得《え》ないような商品《しょうひん》を、買《か》ったり食《た》べたりすることをせざるを得《え》ないのですから、よほどうそに対《たい》する社会的《しゃかいてき》な監視《かんし》の目《め》を強《つよ》くしておかないと大変《たいへん》なことになりかねません。いつどんなときにとんでもない災害《さいがい》にまきこまれるかわからないのです。「うそつき商品《しょうひん》」「誇大宣伝《こだいせんでん》」「公害《こうがい》」といったものは、いくら個人的《こじんてき》に警戒《けいかい》しようとしても限度《げんど》があるので、社会的《しゃかいてき》に対処《たいしょ》するよりほかないのです。

そういう意味《いみ》で、今日《こんにち》とくに問題《もんだい》になるうそは、個人《こじん》のつくうそよりも、企業《きぎょう》や政治《せいじ》その他《ほか》の組織体《そしきたい》のつくうそということになります。今日《こんにち》のような「公害時代《こうがいじだい》」には、うそについての考《かんが》え方《かた》も個人的《こじんてき》な道徳《どうとく》の問題《もんだい》におしこめてしまうことはできないのです。自分《じぶん》で「うそをついてはいけない」と思《おも》っているだけではだめで、他人《たにん》、とくに企業《きぎょう》その他《ほか》の組織体《そしきたい》のうそを見破《みやぶ》る力《ちから》をもたなければならないのです。

うその問題《もんだい》を考《かんが》えるとき、私《わたし》は、敗戦直後《はいせんちょくご》に文部省《もんぶしょう》がまとめた『新教育指針《しんきょういくししん》』（1946年《ねん》5月《がつ》）の中《なか》に書《か》かれた次《つぎ》の文章《ぶんしょう》を忘《わす》れることができません。そこには「真実《しんじつ》を愛《あい》する心《こころ》がいかに必要《ひつよう》であるか」と題《だい》して次《つぎ》のように書《か》かれていたのです。――

「われわれは、さきに日本国民《にほんこくみん》の弱点《じゃくてん》として、合理的精神《ごうりてきせいしん》にとぼしく科学的水準《かがくてきすいじゅん》が低《ひく》いことを述《の》べた。そして軍国主義者及《ぐんこくしゅぎしゃおよ》び極端《きょくたん》な国家主義者《こっかしゅぎしゃ》が、こうした弱点《じゃくてん》を利用《りよう》しやすいことを説《と》いた。このことをいいかえれば、真実《しんじつ》を愛《あい》する心《こころ》、すなわち真実《しんじつ》を求《もと》め真実《しんじつ》を行《おこな》う態度《たいど》が、指導者《しどうしゃ》に誤《あやま》り導《みちび》かれぬために必要《ひつよう》であることを意味《いみ》する。日本国民《にほんこくみん》にこの態度《たいど》があったならば、〈神《かみ》がかり〉や〈ひとりよがり〉におちいることなく、世界《せかい》の大勢《たいせい》にも通《つう》じ、外国《がいこく》や自国《じこく》の実力《じつりょく》をも知《し》り、戦局《せんきょく》の真相《しんそう》をも問《と》いただすことができたであろう。そしてあのような向《む》こうみずの戦争《せんそう》にかりたてられたり、降伏《こうふく》の直前《ちょくぜん》までだまされ通《とお》したりすることはなかったにちがいない」

——敗戦後《はいせんご》の日本《にほん》の科学教育《かがくきょういく》、理科教育《りかきょういく》はこういうところから出発《しゅっぱつ》していたのです。ところがどうでしょう。ついこの間《あいだ》だって、どんなに多《おお》くの人々《ひとびと》が超能力《ちょうのうりょく》の「うそ」に、テレビや週刊誌《しゅうかんし》のまきちらす「うそ」にまどわされたことでしょう。ふだんの合理的《ごうりてき》な精神《せいしん》をほうりなげて、「テレビや週刊誌《しゅうかんし》が太鼓判《たいこばん》をおして保証《ほしょう》しているからまちがいない」ときめこんだことにまちがいがあったのです。

見世物《みせもの》のうそとマスコミのデマ宣伝《せんでん》

テレビや週刊誌《しゅうかんし》のようなマスコミだって、うそをつく。——これは重大《じゅうだい》な問題《もんだい》です。超能力《ちょうのうりょく》事件《じけん》の場合《ばあい》、A少年《しょうねん》やその父《ちち》、ユリ・ゲラーやその黒幕《くろまく》といった人々《ひとびと》だけがうそをついたのではありません。「テレビの司会者《しかいしゃ》や週刊誌《しゅうかんし》の記者《きしゃ》だってだまされたのだから仕方《しかた》がない」というようなものではありません。

あのような超能力《ちょうのうりょく》ブームは、「かなりあやしげではあっても視聴率《しちょうりつ》さえ高《たか》まればよい」「売《う》りあげ部数《ぶすう》がふえさえすればよい」という商業主義《しょうぎょうしゅぎ》によってあおられてきたということは否定《ひてい》できないでしょう。

たとえテレビや週刊誌《しゅうかんし》を作《つく》る人々《ひとびと》がうそと承知《しょうち》で超能力《ちょうのうりょく》ブームを作《つく》りあげたのではなくとも、それらの人々《ひとびと》には責任《せきにん》がないとはいえません。情報《じょうほう》が高度《こうど》に社会化《しゃかいか》した今日《こんにち》の社会《しゃかい》では、うそをうそと知《し》らずに情報《じょうほう》を流《なが》しても、うそと知《し》っての上《うえ》で宣伝《せんでん》したと全《まった》く同《おな》じような害悪《がいあく》を及《およ》ぼすからです。マスコミの社会《しゃかい》では、自分《じぶん》の無知《むち》によるうその伝達《でんたつ》にも責任《せきにん》をとってもらわなければならないのです。そうでなければ「知《し》らぬがほとけ」の商業主義《しょうぎょうしゅぎ》・デマ宣伝《せんでん》が横行《おうこう》してしまいます。今日《こんにち》のデマ宣伝《せんでん》は、それがデマだと露見《ろけん》したときにも、「悪意《あくい》はなかったのだ」「誤解《ごかい》されたのだ」と逃《に》げ口上《こうじょう》をはじめから用意《ようい》してあるのがふつうなのです。

手品師《てじなし》は「たねも仕掛《しか》けもありません」といいながら見事《みごと》な手品《てじな》を見《み》せてくれます。「たねも仕掛《しか》けもありません」というのはもちろんうそです。ところが、ふだんそんなうそが問題《もんだい》にならないのは、はじめから「手品《てじな》というものはそういうものだ」という了解《りょうかい》があるからです。

手品《てじな》というのはうそをたのしむ見世物《みせもの》だともいえるでしょう。

手品《てじな》にはたねや仕掛《しか》けがあるはずなので、手品《てじな》を見《み》る人《ひと》はそのたねや仕掛《しか》けをさぐろうと目《め》を皿《さら》のようにして見入《みい》ります。ところが、たいていの人《ひと》はそういうたねや仕掛《しか》けを見破《みやぶ》ることができません。だからこそ手品師《てじなし》はその商売《しょうばい》をつづけていられるわけです。

それなら、そういう手品師《てじなし》が、そういう手品《てじな》を手品《てじな》だと断《ことわ》らずに、「本当《ほんとう》のできごとだ」といつわってやって見《み》せたらどうでしょう。多《おお》くの人《ひと》が見破《みやぶ》れなかったら、それも一種《いっしゅ》の超《ちょう》能力《のうりょく》、不可思議《ふかしぎ》な出来事《できごと》として受《う》け入《い》れられることになるかもしれません。

じっさい、昔《むかし》は手品《てじな》とか奇術《きじゅつ》というものも「うそを前提《ぜんてい》とした見世物《みせもの》」としてでなく、神《かみ》や仏《ほとけ》の魔力《まりょく》などを示《しめ》す「本当《ほんとう》の出来事《できごと》」として人々《ひとびと》に見《み》せられていたようです。手品《てじな》や奇術《きじゅつ》のようなことが本当《ほんとう》におこるのだとしたら、それこそ魔力《まりょく》というほかありません。それで「おさい銭《せん》」のような収入《しゅうにゅう》を効果的《こうかてき》にあげることができたでしょう。

しかし、うそを本当《ほんとう》としてやる以上《いじょう》、そのうそがばれたら大変《たいへん》です。そこで、手品《てじな》や奇術《きじゅつ》の才《さい》のある人々《ひとびと》は、うそを本当《ほんとう》といつわって短期間《たんきかん》に大量《たいりょう》の収入《しゅうにゅう》をあげるよりむしろ、「うそを前提《ぜんてい》とした見世物《みせもの》」を見《み》せることによって、少《すく》ないけれども安定《あんてい》した収入《しゅうにゅう》を確保《かくほ》する道《みち》をひらいてきたにちがいありません。そういう手品《てじな》の見世物《みせもの》が日本《にほん》で興行化《こうぎょうか》したのは、江戸時代《えどじだい》に入《はい》ってからのことであるようです。

どこの国《くに》でもそうだったでしょうが、日本《にほん》でも手品《てじな》や奇術《きじゅつ》が見世物興行《みせものこうぎょう》として定着《ていちゃく》するまでの歴史《れきし》は波乱《はらん》に富《と》んでいたようです。むかし、呪《まじない》師《し》とか幻術師《げんじゅつし》などとよばれていた人々《ひとびと》は、それがさも本当《ほんとう》の出来事《できごと》であるかのようにいって、人々《ひとびと》をあざむくことも少《すく》なくなかったこともあって、時《とき》の支配者《しはいしゃ》から「世《よ》をあざむくもの」として、禁止《きんし》されたり、とらえられたり、ときには殺《ころ》されたりしたこともあったようです。

「うそを前提《ぜんてい》とした見世物《みせもの》」の誕生《たんじょう》、それは悪質《あくしつ》なうそに対《たい》する合理主義的《ごうりしゅぎてき》な考《かんが》え方《かた》の勝利《しょうり》と

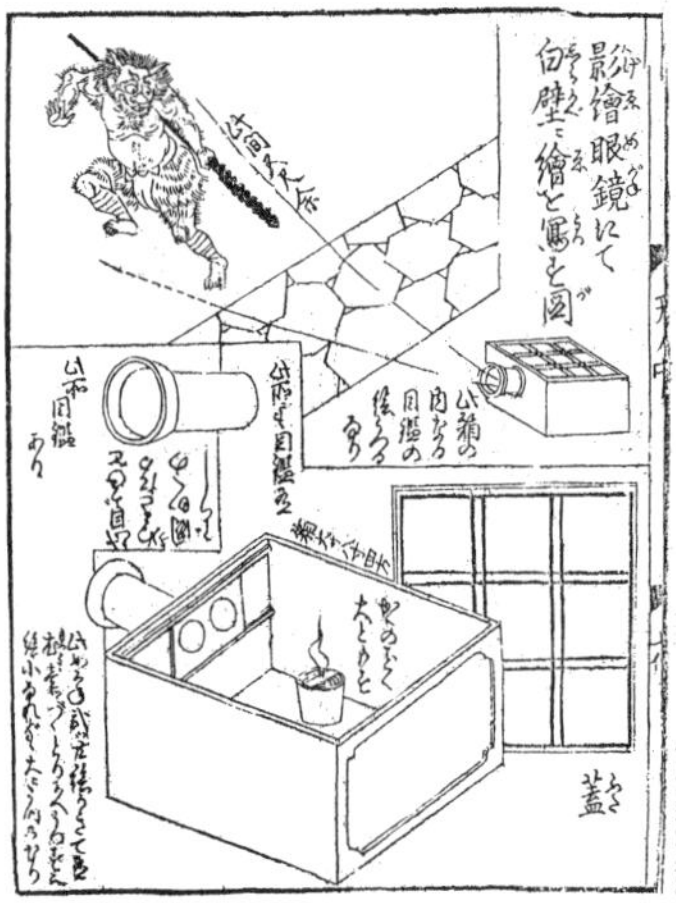

「幻灯を利用して壁に怪物の姿を登場させる仕掛け」平瀬輔世『天狗通』(1779刊)

「釜をならす術」と「にえ湯に入れて暑からぬ術」同左『天狗通』

もいえるでしょう。そういう勝利《しょうり》の上《うえ》にたって、人々《ひとびと》はうそをうそとして楽《たの》しむことができるようになったのです。ところが、その後《ご》も時《とき》として人々《ひとびと》の心《こころ》のすきをねらって、手品《てじな》をさも本当《ほんとう》のごとくいいふらして、興行的利益《こうぎょうてきりえき》をあげる人々《ひとびと》が現《あらわ》れるのですから、油断《ゆだん》できません。

しかし、手品《てじな》を本当《ほんとう》だといって興行的利益《こうぎょうてきりえき》をあげるごまかしは、政治上《せいじじょう》のデマ宣伝《せんでん》とくらべると、はるかに罪《つみ》の軽《かる》いものだといえるでしょう。

デマ政治宣伝《せいじせんでん》のこわさ

デマ宣伝《せんでん》というものが、政治的《せいじてき》にどのように巧妙《こうみょう》に仕組《しく》まれるものかということは、ヒットラーの『我《わ》が闘争《とうそう》』を見《み》ると、おそろしいほどよくわかります。ドイツの独裁者《どくさいしゃ》となって、第《だい》2次大戦《じたいせん》をひきおこしたあのヒットラー自身《じしん》の書《か》いたこの本《ほん》には、かれの宣伝《せんでん》の極意《ごくい》がつぎのようにあからさまに書《か》いてあるのです。第《だい》2次大戦中《じたいせんちゅう》に出版《しゅっぱん》された古《ふる》い訳《やく》（真鍋良一《まなべりょういち》訳《やく》、1942年《ねん》、興風館《こうふうかん》版《ばん》）から、ところどころ引用《いんよう》してみましょう。

「その〔宣伝《せんでん》の〕効果《こうか》は何時《なんどき》も感情《かんじょう》だけを対象《たいしょう》とし、いわゆる知性《ちせい》に対《たい》して大《おお》いに制限《せいげん》を加《くわ》える必要《ひつよう》がある」

「宣伝上取扱《せんでんじょうとりあつか》うべき一切《いっさい》の問題《もんだい》に対《たい》する態度《たいど》は、原則《げんそく》として主観的《しゅかんてき》に一方的《いっぽうてき》に偏《へん》すべきだ」

「宣伝《せんでん》は、それが相手側《あいてがわ》の利益《りえき》になる限《かぎ》りは、客観的《きゃっかんてき》に真相《しんそう》を探求《たんきゅう》して大衆《たいしゅう》に純理論的《じゅんりろんてき》な真実《しんじつ》を教《おし》えてやる必要《ひつよう》はない」

「戦争《せんそう》の責任《せきにん》を論《ろん》ずるのに、……1から10まで敵国側《てきこくがわ》に罪《つみ》を負《お》わすべきであった。たとえ実際《じっさい》の経過《けいか》は本当《ほんとう》はそうでなかったにしてもだ」

「ひとたび味方《みかた》の宣伝《せんでん》によってほんの僅《わず》かでも相手側《あいてがわ》の権利《けんり》が承認《しょうにん》されたりすると、もう自分《じぶん》の方《ほう》の権利《けんり》に疑惑《ぎわく》を起《お》こさせる根拠《こんきょ》を置《お》いたことになる」

——政治家《せいじか》や企業家《きぎょうか》は、恥《はじ》も良心《りょうしん》もなく、こういうように意図的《いとてき》な宣伝《せんでん》をなしうるものだということはおそろしいことです。じっさいにヒットラーはそうやって独裁者《どくさいしゃ》の地位《ちい》についたのです。また、超能力《ちょうのうりょく》ブームをあおったテレビや週刊誌《しゅうかんし》の宣伝《せんでん》もこのヒットラーの政治宣伝《せいじせんでん》のやり方《かた》と全《まった》く同《おな》じようにして行《おこ》なわれたことも注意《ちゅうい》するのに値《あたい》するでしょう。おそろしいことです。

それでは、どうやったら、そういううそ、政治的《せいじてき》なあるいは企業《きぎょう》の利益本位《りえきほんい》のうそを見破《みやぶ》れるようになるのでしょうか。その答《こた》えはここで一言《ひとこと》で書《か》くことなどできません。その代わり私《わたし》は、一年《いちねん》に一度《いちど》ぐらいは改《あらた》めてそんなことを考《かんが》えなおしてみる機会《きかい》をつくったらどうか、と思《おも》うのです。

「火災予防週間《かさいよぼうしゅうかん》」だとか、「震災予防《しんさいよぼう》の日《ひ》」と同《おな》じように、「うそ・デマ予防《よぼう》の日《ひ》」があってもいいのではないか、というのです。4月1日《がつついたち》はそんな意味《いみ》あいの日《ひ》になりうるのではないかと私《わたし》は思《おも》っているのですが、どうでしょう。この日《ひ》、みんなで軽《かる》いうそをつきあって、うそのおそろしさや大《おお》きなうそを見破《みやぶ》るにはどうしたらよいか考《かんが》えることにしようというわけです。

「うそ」から大発見《だいはっけん》も生《う》まれる

——「うそを書《か》け」という作文《さくぶん》の授業《じゅぎょう》もあっていいのでは——

「うそ」というと、すぐに「うそをついてはいけない」「他人《たにん》のうそにだまされるのはしゃくにさわる」「だまされないようにしよう」といったことばかりが思《おも》い浮《う》かべられがちです。しかし、「うそ」というものには、私《わたし》たちの考《かんが》えをゆたかにしてくれる生産的《せいさんてき》なはたらきもあるということを見落《みお》としてはならないと思《おも》います。そこで、今回《こんかい》はそういう話《はなし》を書《か》きましょう。

小説《しょうせつ》のことを「フィクション」といいます。「つくりごと」、つまりは「うそ」ということです。それなら、「小説《しょうせつ》にはみなまるっきりのうそばかりが書《か》いてあるか」というとそうではないでしょう。第一《だいいち》、ただの

うそばかりだったら、読《よ》んでいてまるでおもしろくないにちがいありません。作家《さっか》の想像《そうぞう》し、創造《そうぞう》したうその話《はなし》の中《なか》に、「人間《にんげん》というものの真実《しんじつ》の姿《すがた》が、いわゆる本当《ほんとう》の話《はなし》よりずっと鮮明《せんめい》に、浮《う》きぼりにされている」と思《おも》うからこそ、私《わたし》たちは小説《しょうせつ》の話《はなし》に感動《かんどう》したりすることもできるのでしょう。

歴史小説《れきししょうせつ》などというものを考《かんが》えてみても、作者《さくしゃ》は、まるで見《み》てきたようなうそ――本当《ほんとう》にそんなことがあったのかどうか、保証《ほしょう》できないような創作《そうさく》をやってのけます。ところが、その「創作《そうさく》」のために、かえって歴史上《れきしじょう》の人物《じんぶつ》が躍動《やくどう》してきて、本当《ほんとう》の歴史《れきし》が見《み》えてくるということはないでしょうか。「歴史学者《れきしがくしゃ》の書《か》く歴史《れきし》よりも、小説家《しょうせつか》の書《か》く歴史小説《れきししょうせつ》の方《ほう》がかえって真実味《しんじつみ》がある」と感《かん》じられることが少《すく》なくありません。

うそ、フィクション、想像《そうぞう》の事実《じじつ》をもとにして真実《しんじつ》を浮《う》きあがらせていく――それはなにも小説《しょうせつ》や芸術《げいじゅつ》の世界《せかい》だけにあるのではありません。じつは芸術《げいじゅつ》などとは真《ま》っ向《こう》から対立《たいりつ》すると思《おも》われている科学《かがく》の世界《せかい》でも、うそ、フィクション、想像《そうぞう》というものが重要《じゅうよう》な役割《やくわり》をはたしているのです。

本当《ほんとう》らしくない話《はなし》から

ふつうには、よく「科学《かがく》というものは、芸術《げいじゅつ》とちがって、ものをありのままに観察《かんさつ》して研究《けんきゅう》するものだ」と思《おも》われていますが、そんなことはありません。それどころか、いくらありのままに観察《かんさつ》しようとしても見《み》えない真実《しんじつ》をさぐるのが科学《かがく》というものです。そのために科学者《かがくしゃ》はよく「仮説《かせつ》」というものを設《もう》けます。まだ「仮《かり》の説《せつ》」で、本当《ほんとう》かどうかわからない、そういう説《せつ》を考《かんが》えてみるのです。

仮《かり》の説《せつ》、仮説《かせつ》の中《なか》には、はじめからだれにだってもっともらしく見《み》えるものもありますが、ふつうの人々《ひとびと》にはなかなか納得《なっとく》しかねる、「うそにきまっている」と思《おも》われるようなものもないではありません。そういう、はじめはなかなか信用《しんよう》されなかったようなことが本当《ほんとう》だということがわかったとき、それこそすばらしい大発見《だいはっけん》だといわれるようになるのです。「この大地《だいち》はまるいのではないか」という考《かんが》えだって、「太陽《たいよう》が地球《ちきゅう》のまわりをまわっているのではなくて、地球《ちきゅう》が太陽《たいよう》のまわりをまわっているのではないか」という考《かんが》えにしても、はじめは多《おお》くの人々《ひとびと》から「そんなことはありっこない」、「うそにきまっている」と考《かんが》えられていたものでした。「この世《よ》のものはすべて原子《げんし》からできている」という考《かんが》えもそうでした。

そこで、そういう「大地球形説《だいちきゅうけいせつ》」や「太陽中心地動説《たいようちゅうしんちどうせつ》」「原子論《げんしろん》」「進化論《しんかろん》」などを唱《とな》える人々《ひとびと》は長《なが》い間《あいだ》「うそつき」とののしられ、「世《よ》をまどわす危険人物《きけんじんぶつ》」として排斥《はいせき》されたりしました。そういうどの説《せつ》も、はじめからすべての人々《ひとびと》を十分納得《じゅうぶんなっとく》させうるだけの証拠《しょうこ》をそろえることはできなかったのですから、無理《むり》もありません。科学上《かがくじょう》の仮説《かせつ》というものだって、それを認《みと》めない人《ひと》にとっては「まっかなうそ」にすぎないのです。ですから、とくにその「うそ」が人々《ひとびと》の思想《しそう》の上《うえ》に大《おお》きな影響《えいきょう》をもつようなものだとしたら、そのような「うそ」の普及《ふきゅう》を極力抑圧《きょくりょくよくあつ》しようとするでしょう。

そこで、新《あたら》しい学説《がくせつ》の提唱者《ていしょうしゃ》たちは、自分《じぶん》の学説《がくせつ》を「たんなる仮説《かせつ》にすぎないもの」として、おそるおそる提出《ていしゅつ》しなければならないことが少《すく》なくありませんでした。「本当《ほんとう》ではないが、頭《あたま》の体操《たいそう》としてはおもしろいと思《おも》うから考《かんが》えてみてほしい」というのです。地動説《ちどうせつ》を唱《とな》えたコペルニクスの『天球《てんきゅう》の回転《かいてん》について』や、ガリレオの『天文学対話《てんもんがくたいわ》』はそうやって、やっとのことで出版《しゅっぱん》されたのです。ところがそれにもかかわらず、ガリレオはその本《ほん》で地動説《ちどうせつ》の真実性《しんじつせい》を強《つよ》く訴《うった》えすぎたというので宗教裁判《しゅうきょうさいばん》にかけられ、コペルニクスの本《ほん》ともども発禁書《はっきんしょ》にされてしまったのです。

よく、「キリスト教《きょう》は真理《しんり》を弾圧《だんあつ》した」ということがいわれますが、弾圧《だんあつ》した方《ほう》からみれば、「それが真実《しんじつ》でない、うそにきまっていて、しかも人々《ひとびと》をまどわすうそだ」と判断《はんだん》したからこそ抑圧《よくあつ》したのだ、ということになるのです。

たいていの思想弾圧《しそうだんあつ》というものはそういうものです。ですから、「思想《しそう》の自由《じゆう》」「言論《げんろん》の自由《じゆう》」というのは、「真理《しんり》を主張《しゅちょう》する自由《じゆう》」と考《かんが》えてはいけません。「真理《しんり》を主張《しゅちょう》する自由《じゆう》」ということになれば、多数派《たすうは》が真理《しんり》と認《みと》めないものは抑圧《よくあつ》してもいいことになってしまいます。本当《ほんとう》の「思想《しそう》・言論《げんろん》の自由《じゆう》」というのは、「多《おお》くの人々《ひとびと》の目《め》からみてうそにみえようとも、自分《じぶん》には本当《ほんとう》に思《おも》えることを考《かんが》え、主張《しゅちょう》する自由《じゆう》だ」といわなければならないのです。

いや、科学研究《かがくけんきゅう》の場合《ばあい》には、「自分《じぶん》にもそうは思《おも》えない」というような、いろいろな可能性《かのうせい》を検討《けんとう》してみることも大切《たいせつ》なのです。みんなが「そんなことはない」と思《おも》い、「そんなことを考《かんが》えるのはばかだ、けしからんやつだ」と思《おも》っているようなことでも、「もしかしたら」と考《かんが》えられたら、そのことも本気《ほんき》でたしかめてみる、そうしてはじめて科学上《かがくじょう》の大発見《だいはっけん》というものが生《う》まれるのです。

日本人《にほんじん》には、人々《ひとびと》をあっとおどろかせるような大発見《だいはっけん》がとてもとぼしいように私《わたし》には思《おも》われてならないのですが、それは「これまでの日本人《にほんじん》がきわめて常識的《じょうしきてき》な人間《にんげん》だったからだ」ということができるでしょう。

その「常識的《じょうしきてき》だ」というのはまた、常識《じょうしき》の世界《せかい》から脱《ぬ》けだせない――いわば常識《じょうしき》で考《かんが》えると「うそにきまっている」ようなことは考《かんが》えまいとする、うそに対《たい》する強《つよ》い抑制心《よくせいしん》がありすぎるともいえるのではないでしょうか。

〈うそ〉の詩《し》を喜《よろこ》ぶ子《こ》ども

学校《がっこう》の作文《さくぶん》や図画《ずが》の時間《じかん》などにも、先生《せんせい》はもっと「うそ」というものに対《たい》してゆとりをもって指導《しどう》することが大切《たいせつ》ではないか、と近《ちか》ごろの私《わたし》はかなり真剣《しんけん》に考《かんが》えるようになっています。

私《わたし》が子《こ》どものころ、作文《さくぶん》の時間《じかん》というと、先生《せんせい》は「本当《ほんとう》のことを書《か》きなさい」「本当《ほんとう》のことをありのままに書《か》けばいいのですよ」と指導《しどう》してくれたように思《おも》います。ところが、そういわれればいわれるほど、私《わたし》は何《なに》を書《か》いていいのかわからなくなってしまいました。

遠足《えんそく》の作文《さくぶん》などでも、朝何時《あさなんじ》に起《お》きて、顔《かお》を洗《あら》って、朝《あさ》ごはんを食《た》べて、それから学校《がっこう》へ行《い》って、何時《なんじ》に出発《しゅっぱつ》して、どこからどこまで電車《でんしゃ》に乗《の》って、それからどこで弁当《べんとう》を食《た》べた、というようなことなら、私《わたし》にだって本当《ほんとう》のことを書《か》くことができました。けれども、「そんなことを書《か》いて何《なに》になるのだろう」と思《おも》うと、まるで筆《ふで》がすすまないのです。ところが、自分《じぶん》の気持《きも》ち、思《おも》ったことなど書《か》こうとすると、何《なに》を書《か》いてもうそになるような気《き》がして書《か》けなくなるのです。自分《じぶん》の気持《きも》ちや思《おも》ったことなど、いつどこで思《おも》ったのかあまりはっきりしないし、はっきりしたところで、それはとうてい文章《ぶんしょう》に書《か》ききれない、何《なに》を書《か》いても不十分《ふじゅうぶん》でうそになる、というように思《おも》えたのです。

図画《ずが》の時間《じかん》だってそうです。私《わたし》は必死《ひっし》になって見《み》えるままに忠実《ちゅうじつ》にかこうとしました。そうすると、花瓶一《かびんひと》つかくにしてもたいへんです。「あすこが少《すこ》しへこんでいて、あすこのふくらみはこっちよりほんの少《すこ》し大《おお》きい」などということをこまかく観察《かんさつ》していたら、いつまでたっても修正《しゅうせい》、修正《しゅうせい》で、絵《え》はできあがりません。本当《ほんとう》のことをかこうというのはたいへんなのです。そこで私《わたし》は、「本当《ほんとう》の姿《すがた》をありのままにうつしとりたかったら、写真《しゃしん》をとればいいではないか」

と思《おも》ったとたん、絵《え》をかくのがばからしくなってしまいました。

今《いま》にして思《おも》えば、文章《ぶんしょう》にしても絵《え》にしても、「本当《ほんとう》のことをありのままにかけ」という指導《しどう》はまちがっていたのではないか、と私《わたし》には思《おも》えてなりません。理科《りか》の時間《じかん》にしても、私《わたし》の小学生《しょうがくせい》のころは、サクラの花《はな》の写生《しゃせい》をさせられたり、花《はな》びらの数《かず》をかぞえさせられたりしましたが、そういう「目《め》に見《み》えるものをありのままに記録《きろく》する」意味《いみ》が、私《わたし》にはわかりませんでした。いや、いまでもわかりません。

私《わたし》はいま多《おお》くの先生方《せんせいがた》とともに、「仮説実験授業《かせつじっけんじゅぎょう》」という、内容《ないよう》・方法《ほうほう》ともに新《あたら》しい科学《かがく》教育《きょういく》の研究《けんきゅう》をすすめていますが、その授業《じゅぎょう》でも、子《こ》どもたちは実験事実《じっけんじじつ》に見入《みい》るよりも、これからやる実験《じっけん》の結果《けっか》がどうなるか想像《そうぞう》し、討論《とうろん》することのほうに魅力《みりょく》を感《かん》じます。本当《ほんとう》だとわかってしまったことよりも、まだ本当《ほんとう》かどうかわかっていないことについて議論《ぎろん》し、どのような考《かんが》えが正《ただ》しいかたしかめるために実験《じっけん》するほうが、ずっとたのしいのです。本当《ほんとう》にきまっていることは考《かんが》えてもたのしくないので、うそか本当《ほんとう》かわからないからこそ考《かんが》えがいがあるのです。

文章《ぶんしょう》にしても絵《え》にしても、かくことの意味《いみ》は、本当《ほんとう》のことの中《なか》からとくに表現《ひょうげん》したいと思《おも》うことだけをぬき出《だ》して、そこで思《おも》いをあらたにすることにあるのでしょう。本当《ほんとう》のことの中《なか》からとくにあることだけをぬき出《だ》せば、それだけでもはやそれは本当《ほんとう》のことではなく、一種《いっしゅ》のうそになります。しかし、そこでとくにとりあげたことが、その事柄《ことがら》のもっとも本質的《ほんしつてき》なことになっているときには、それはもとの事物《じぶつ》よりもさらに真実性《しんじつせい》をもつようになる、という不思議《ふしぎ》なはたらきが、文章《ぶんしょう》や絵《え》をかくよろこびにつながるのではないでしょうか。

そこで私《わたし》は、「もしかしたら、子《こ》どもたちに思《おも》いきって〈うそをかけ〉〈うそを書《か》いてもいい〉といって指導《しどう》したら、子《こ》どもたちはかえって気軽《きがる》になって作文《さくぶん》や絵《え》を書《か》くたのしさを発見《はっけん》できるようになるのではないか」とも考《かんが》えてみました。

じつは、こんなことをいって作文指導《さくぶんしどう》の先生方《せんせいがた》からこっぴどく叱《しか》られたこともあります。「うそを書《か》かせたらうそつきになる」と、その先生《せんせい》は本気《ほんき》で叱《しか》ってくれました。しかし、私《わたし》にはそうは簡単《かんたん》に思《おも》えないのです。

ところが、幸《さいわ》い私《わたし》と同《おな》じような考《かんが》えをもった先生《せんせい》がいて、実験《じっけん》してくれました。小学校低《しょうがっこうてい》学年《がくねん》の子《こ》どもたちに向《む》かって、「うそを書《か》きなさい」といって詩《し》を書《か》かせたのです。そしたら、子《こ》どもたちは大喜《おおよろこ》びで詩《し》をつくるのに夢中《むちゅう》になったそうです。私《わたし》の思惑《おもわく》も、まったくのデタラメとはいえなかったわけです。

「うそのことを書《か》け」というと、子《こ》どもたちはかえって本当《ほんとう》のことを書《か》くようにもなるようです。本当《ほんとう》のことを書《か》くことは、なんといっても気恥《きは》ずかしいことが少《すく》なくないし、本当《ほんとう》のことでも、書《か》くとうそになっていることに気《き》づいている子《こ》どもたちは、「うそを書《か》いてもよい」というと、かえって本当《ほんとう》のことを、気《き》やすく書《か》くことができるようになるようです。

〈うその世界《せかい》〉のたのしさ

そういえば、子《こ》どもたちは幼《おさな》いときから、うその世界《せかい》のたのしいことを知《し》っています。子《こ》どもたちのゴッコ遊《あそ》びは、まさにうその世界《せかい》です。

私《わたし》の子《こ》どもが小《ちい》さいとき、「おもちゃの電話機《でんわき》を買《か》ってくれ」とせがまれ、しぶしぶ買《か》ってやったことがあります。「おもちゃの電話機《でんわき》でも話《はなし》が通《つう》ずるようなものならともかく、形《かたち》だけまねたものなど遊《あそ》び道具《どうぐ》にもならないではないか」と思《おも》ったからです。ところが、その電話機《でんわき》に向《む》かってひとりでしゃべって遊《あそ》んでいる子《こ》どものようすを見《み》て、私《わたし》はおどろいてしまいました。

考《かんが》えてみると、電話機《でんわき》というものは不思議《ふしぎ》なはたらきをもっています。目《め》の前《まえ》にだれもいなくても、一人《ひとり》でしゃべっていられます。だから、おもちゃの電話機《でんわき》の前《まえ》でなら、遠《とお》くの話《はな》し相手《あいて》がなにかをいっていると勝手《かって》に想像《そうぞう》して、一人《ひとり》で相《あい》づちをうったり話《はな》しかけたりしても、まったく不自然《ふしぜん》なことはないのです。おもちゃの電話機《でんわき》は、うそをまことらしくみせかけて話《はなし》をすすめる、かっこうのおもちゃだったわけです。

小《ちい》さな子《こ》どもたちがうその世界《せかい》をたのしむ、すばらしい能力《のうりょく》をもっているということについては、羽仁《はに》進《すすむ》さんも、その感動的《かんどうてき》な体験《たいけん》をもとにして、するどく指摘《してき》しています（「嘘《うそ》の豊《ゆた》かな世界《せかい》」『2たす2は4じゃない』筑摩書房《ちくましょぼう》、所収《しょしゅう》）。

子《こ》どもたちは、学校《がっこう》に入《はい》る前《まえ》からうその世界《せかい》をたのしむことを十分《じゅうぶん》知《し》っているのです。だとしたら、作文《さくぶん》や図画《ずが》で「うそをかけ」「うそをかいてもよい」と指摘《してき》したところで、そのために「うそつき」になるとは単純《たんじゅん》に考《かんが》えられません。「うその世界《せかい》で遊《あそ》ぶたのしさを文章《ぶんしょう》や絵《え》にあらわすたのしさにのばしていって、作文《さくぶん》や図画《ずが》の能力《のうりょく》をのばす手《て》だてがあるのではないか」と思《おも》うのです。

少《すく》なくとも、「うそをかいてもよい」というような、常識的《じょうしきてき》には「だめにきまっている」指導法《しどうほう》がかえっていいのかもしれない、と考《かんが》えてみることができるほどの発想《はっそう》の自由《じゆう》さがなければ、教育《きょういく》の研究《けんきゅう》も大幅《おおはば》な進歩《しんぽ》を望《のぞ》めないだろう、と私《わたし》は思《おも》うのです。

常識世界《じょうしきせかい》からの脱出《だっしゅつ》を

そういえば、うその中《なか》でももっとも人為的《じんいてき》なうそともいえる手品《てじな》のタネは、子《こ》どもとおとなとで、どちらが見破《みやぶ》りやすいか知《し》っていますか。

もちろん、手品《てじな》の種類《しゅるい》にもよるわけでしょうが、子《こ》どもの方《ほう》が手品《てじな》のタネをすぐに発見《はっけん》してしまうそうです。それは、「子《こ》どもの方《ほう》が目《め》が鋭《するど》いからだ」というわけではありません。手品《てじな》のうその本質《ほんしつ》にもとづいているのです。

これは、私立高校《しりつこうこう》の校長《こうちょう》さんで、アマチュア手品師《てじなし》の安部元章《あべもとあき》さんからきいて、私《わたし》もためしてみた話《はなし》です。まずみんなにこういう話《はなし》をします――。

「池《いけ》の中《なか》に小石《こいし》を投《な》げこんだら、その石《いし》が沈《しず》んだりもぐったり、沈《しず》んだりもぐったりしました。さあ、この石《いし》は軽石《かるいし》だったでしょうか、重《おも》い石《いし》だったでしょうか」

というのです。みなさんは、いま耳《みみ》からきいているのでなくて、活字《かつじ》を目《め》で追《お》っているのですが、さてどうでしょう。

こんな話《はなし》をすると、たいていのおとなは、私《わたし》が「沈《しず》んだりもぐったり」といっているにもかかわらず、それを「沈《しず》んだり浮《う》かんだり」ときいてしまいます。それで、「その石《いし》は軽石《かるいし》だろう」などと思《おも》ってしまうのですが、子《こ》どもはそうはひっかかりません。とくに小《ちい》さな子《こ》どもは「沈《しず》んだり」をきいて首《くび》を下《した》にふり、「もぐったり」をきいてさらに首《くび》を下《した》にさげるというように、一語一語《いちごいちご》にきちんと反応《はんのう》しますから、ひっかからないのです。

もちろん、これにはトリックがあります。「沈《しず》んだりもぐったり」などというのは、もともと日本語《にほんご》としておかしいのです。日本語《にほんご》では「沈《しず》んだり」といったら、そのあとにその反対語《はんたいご》の「浮《う》かんだり」がくることになっているからです。そういう日本語《にほんご》の常識《じょうしき》を十分承知《じゅうぶんしょうち》しているおとなは、「沈《しず》んだり」さえきけば、あとはろくにききもせずに「浮《う》かんだり」がくるものと思《おも》ってしまうのです。ですから、「日本語《にほんご》としてへんな言《い》い方《かた》をしたな」とも気《き》づかないのがふつうなのです。

手品《てじな》をやる人《ひと》はこれと同《おな》じで、それをみている人《ひと》たちの常識的《じょうしきてき》な反応《はんのう》、注目《ちゅうもく》の仕方《しかた》をあらかじめ計算《けいさん》に入《い》れてタネを仕込《しこ》みます。たとえば、品物《しなもの》をもった手《て》をポケットに入《い》れれば、「その品物《しなもの》をしまうためだろう」と思《おも》うのが常識《じょうしき》です。そこでかえってその虚《きょ》をついて、タネを仕《し》込《こ》むというわけです。

だから、そういうタネの仕込《しこ》みを見破《みやぶ》られないためには、手品《てじな》を見《み》ている人《ひと》が健全《けんぜん》な常識人《じょうしきじん》であることが必要《ひつよう》です。手品師《てじなし》がある動作《どうさ》をしたときに、いつも思《おも》わずある場所《ばしょ》に目《め》をやって他《ほか》のことから目《め》をそらす、というような反応《はんのう》の仕方《しかた》がそなわっていてはじめて、虚《きょ》をつくことができるようになるというわけです。

ところが、小《ちい》さな子《こ》どもには、まだそういう常識的《じょうしきてき》な反応《はんのう》の仕方《しかた》が身《み》についていないので、必《かなら》ずしも手品師《てじなし》の期待《きたい》にそったような注目《ちゅうもく》の仕方《しかた》をしません。そこで、虚《きょ》のつきようがなく、手品《てじな》のタネがまるまる見《み》えてしまうというわけです。

常識《じょうしき》がそなわるにつれて、みんないつも同《おな》じような反応《はんのう》をするようになる――これは多《おお》くの場合《ばあい》、日常生活《にちじょうせいかつ》を能率的《のうりつてき》にすることに大《おお》いに役立《やくだ》っているわけでしょうが、そこに私《わたし》たちの盲点《もうてん》があることもたしかでしょう。私《わたし》たちも、ときにはそういう常識《じょうしき》の世界《せかい》から脱出《だっしゅつ》して、うその世界《せかい》に遊《あそ》び、発想《はっそう》を自由《じゆう》にするようにしないと、創造性《そうぞうせい》が失《うしな》われてしまうのではないか、と思《おも》うのです。

宇宙《うちゅう》はタカミムスビの神《かみ》が作《つく》った?!

――「建国記念日《けんこくきねんび》」特別講義《とくべつこうぎ》――

2月《がつ》11日《にち》は「建国記念の日《けんこくきねんのひ》」です。

どうしてこの日を建国記念日《けんこくきねんび》にするかわからないというので、祝日制定当時《しゅくじつせいていとうじ》はずいぶんはげしい反対《はんたい》がありました。しかし、「学校《がっこう》や会社《かいしゃ》などの休《やす》みが1日《にち》でもふえれば、それでいいではないか」というわけでしょう。近《ちか》ごろはこの祝日《しゅくじつ》について文句《もんく》をいう人《ひと》がずいぶん減《へ》ってしまったようです。

しかし、先生《せんせい》や親《おや》たるもの、子《こ》どもから、なぜこの日《ひ》が建国記念日《けんこくきねんび》なのかときかれたら、なんとか返事《へんじ》をしないわけにはいきません。そんなとき、こんな話《はなし》をしてやったらどうだろうというのが、今回《こんかい》の話題《わだい》です。

といっても、私《わたし》はとくべつ古代史《こだいし》を研究《けんきゅう》しているわけではありません。ただ私《わたし》は建国記念《けんこくきねん》日《び》とか日本神話《にほんしんわ》というと、いつもきまってつぎの物語《ものがたり》を思《おも》い起《お》こすのです。それは、今《いま》から１５０年《ねん》ほど前《まえ》に「科学的《かがくてき》に」書《か》き換《か》えられた日本神話《にほんしんわ》の物語《ものがたり》です。今回《こんかい》はその物語《ものがたり》を紹介《しょうかい》しようと思《おも》うのです。ですから今回《こんかい》の話《はなし》のすすめ方《かた》は、これまでとはかなりちがったものになってしまうと思《おも》います。まあ、「建国記念日《けんこくきねんび》むきの特別脱線番組《とくべつだっせんばんぐみ》をきく」といった気持《きも》ちで、眉《まゆ》につばつけて気軽《きがる》につきあってください。

ほこで宇宙《うちゅう》にウズ巻《ま》き

みなさんは、日本《にほん》の国《くに》、いやこの地球《ちきゅう》、この宇宙《うちゅう》がどのようにしてできたかごぞんじですか。これからお話《はなし》するのは、今《いま》から１５０年《ねん》ほど昔《むかし》の二人《ふたり》の学者《がくしゃ》、平田篤胤《ひらたあつたね》（１７７６〜１８４３）と佐藤信淵《さとうのぶひろ》（１７６９〜１８５０）とが考《かんが》えだした宇宙開闢《うちゅうかいびゃく》ものがたりです。

この二人《ふたり》の学者《がくしゃ》は、日本古来《にほんこらい》の神話《しんわ》をそのまま信《しん》じる半面《はんめん》、またそのころ長崎《ながさき》を通《つう》じてオランダから入《はい》ってきた新《あたら》しい科学知識《かがくちしき》をとり入《い》れるのにとても熱心《ねっしん》でした。そして新《あたら》しい科学《かがく》知識《ちしき》をもとにして、日本《にほん》の神話《しんわ》を科学的《かがくてき》な事実《じじつ》と結《むす》びつけて理解《りかい》しようと努《つと》めたのです。

「天地開闢《てんちかいびゃく》の説《せつ》は、どこの国《くに》のものもみなデタラメで、まったく〈痴人《ちじん》の夢《ゆめ》〉みたいなものだ。ただひとつ、日本《にほん》の伝説《でんせつ》だけが実際《じっさい》の事実《じじつ》とよくあっていて疑《うたが》わしいところが少《すく》ない。そこで、これを受《う》けついで科学研究《かがくけんきゅう》のもととすることにしたい」といったことを、佐藤信淵《さとうのぶひろ》は、その著《ちょ》『天地鎔造化育論《てんちようぞうかいくろん》』という本《ほん》に書《か》いています。さて、それでは、この学者《がくしゃ》によると天地《てんち》はどのようにしてできたのでしょうか。

まず、この世《よ》のはじめ、天《てん》と地《ち》がまだわかれていなかったころ、一《ひと》つのものが空虚《くうきょ》な空間《くうかん》のなかに雲《くも》のように浮《う》いていました。そこにタカミムスビの神《かみ》という神様《かみさま》があらわれて、「天瓊戈《あめのぬぼこ》」という玉《たま》かざりのついた長《なが》い剣《けん》でもって、これをつきさしました。そしてこれをかきまわして渦《うず》をつくり、西《にし》から東《ひがし》へと回転《かいてん》させました。するとどうでしょう。この運動《うんどう》の不思議《ふしぎ》な働《はたら》きによって、渦《うず》のなかの重《おも》くてにごっている成分《せいぶん》が渦《うず》の外《そと》にとびだして、宇宙《うちゅう》のはるかかなたにとび散《ち》ってとまりました（いまの遠心分離機《えんしんぶんりき》と同《おな》じ働《はたら》きです）。

その重《おも》くてにごっている成分《せいぶん》のうち、最初《さいしょ》にもっとも遠《とお》くまで飛《と》びだしたものが、たくさんの恒星《こうせい》とか彗星《すいせい》となりました。そして、そのつぎに土星《どせい》、そのつぎに木星《もくせい》、つぎに火星《かせい》、つぎに地球《ちきゅう》、つぎに金星《きんせい》、水星《すいせい》の順《じゅん》に惑星《わくせい》ができました。そして重《おも》くてにごったものがみなとび散《ち》ってしまったあとに残《のこ》った、澄《す》んで清《きよ》らかなものが太陽《たいよう》となりました。

こうして重《おも》くてにごっているものほど太陽《たいよう》から遠《とお》くはなれて恒星《こうせい》となり、水星《すいせい》のように軽《かる》くて清《きよ》らかなものほど、あとで分《わ》かれて太陽近《たいようちか》くにのこるようになりました。金星《きんせい》、地球《ちきゅう》、火星《かせい》なども、それぞれの軽重清濁《けいじゅうせいだく》にしたがって、渦《うず》から分《わ》かれた時期《じき》がちがいます。だから、その太陽《たいよう》からの距離《きょり》も、その動《うご》く速《はや》さもちがっているというわけです。

さて、最後《さいご》にいよいよ太陽《たいよう》ができあがったとき、タカミムスビの神《かみ》はそのほこを、その回転《かいてん》のまんなかにつきさして天《てん》の柱《はしら》としました。そこでこれ以来《いらい》、宇宙《うちゅう》のあらゆる星《ほし》はみな太陽《たいよう》を中心《ちゅうしん》として西《にし》から東《ひがし》へと永久《えいきゅう》に回転《かいてん》するようになった——と、こういうわけです。

全部《ぜんぶ》デタラメか

これは『古事記《こじき》』(712年成立《ねんせいりつ》)や『日本書紀《にほんしょき》』(720年成立《ねんせいりつ》)という日本最古《にほんさいこ》の歴史書《れきししょ》に書《か》かれている神話《しんわ》とは少《すこ》しちがっています。そこに書《か》かれている話《はなし》では、イザナギとイザナミの二人《ふたり》の神《かみ》が玉《たま》かざりのついたほこで、まだ固《かた》まっていない沼地《ぬまち》をかきまぜて日本《にほん》の国土《こくど》を造《つく》ったことになっているからです。

しかし、日本《にほん》の国《くに》ができるためには、その前《まえ》に地球《ちきゅう》ができていなければなりません。そしてまた、太陽系《たいようけい》の天体《てんたい》ができていなければなりません。ところで『古事記《こじき》』などの日本神話《にほんしんわ》では、イザナギ、イザナミの二人《ふたり》の神《かみ》はいちばん先《さき》にでてくる神様《かみさま》ではありません。その前《まえ》に何人《なんにん》もの神《かみ》がでてくるのです。最初《さいしょ》の神《かみ》がアメ(天)のミナカヌシの神《かみ》、そのつぎがタカミムスビの神《かみ》です。

そこで、佐藤信淵《さとうのぶひろ》は日本神話《にほんしんわ》には太陽系《たいようけい》や地球《ちきゅう》についての欠《か》けた部分《ぶぶん》があるのだろうと考《かんが》えました。そして「イザナギの神《かみ》、イザナミの神《かみ》の二人《ふたり》が日本《にほん》の国《くに》を造《つく》りだしたのとまったく同《おな》じような方法《ほうほう》で、その祖先《そせん》のタカミムスビの神《かみ》がこの宇宙《うちゅう》を造《つく》りだしたにちがいない」と考《かんが》え

黄道面をななめに眺めた惑星の軌道。
惑星の大きさや星間距離の比率は実際のものとは異なります。

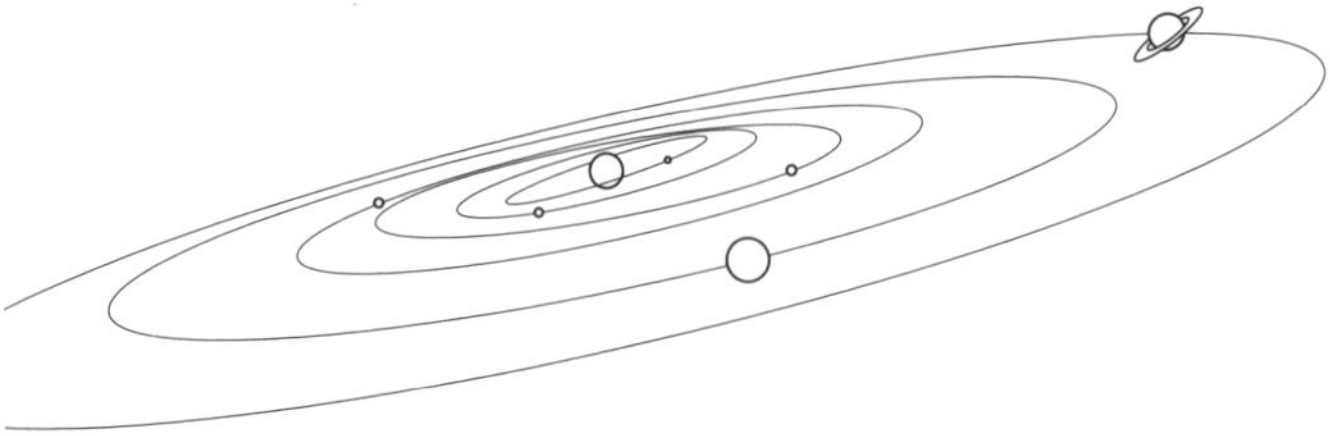

て、さきに書《か》いたような天地開闢《てんちかいびゃく》の物語《ものがたり》を新《あたら》しくつくりだしたのです。

ところでこの物語《ものがたり》では、大地《だいち》はまるい球《たま》で、しかも宇宙《うちゅう》の中心《ちゅうしん》にはなく、太陽《たいよう》のまわりをまわっていることになっています。これは佐藤信淵《さとうのぶひろ》が、そのころの日本人《にほんじん》の新知識《しんちしき》——地動説《ちどうせつ》をもとにして物語《ものがたり》をつくったからです。

それでは、あなたは、「宇宙《うちゅう》のはじめは渦《うず》であった」というこの話《はなし》をきいてどう思《おも》いますか。まったくデタラメな作《つく》り話《ばなし》だと思《おも》いますか。タカミムスビの神《かみ》という神様《かみさま》がこの宇宙《うちゅう》を造《つく》ったかどうかということは別《べつ》にして考《かんが》えたらどうでしょう。

もしも太陽《たいよう》のまわりをまわる水星《すいせい》、金星《きんせい》、地球《ちきゅう》、火星《かせい》、木星《もくせい》、土星《どせい》といった惑星《わくせい》たちが、本当《ほんとう》に、この話《はなし》のようにひとつの渦《うず》から分《わ》かれたのだとすれば、惑星《わくせい》たちはみなだいたい同《おな》じ平面上《へいめんじょう》に円《えん》をえがいて同《おな》じ方向《ほうこう》にまわっているはずです。実際《じっさい》に惑星《わくせい》たちもそのように動《うご》いているでしょうか。科学者《かがくしゃ》たちのしらべた結果《けっか》とつきあわせてみましょう。

右の絵《え》は、科学者《かがくしゃ》のデータをもとにして太陽系《たいようけい》の6つの惑星《わくせい》――水星《すいせい》、金星《きんせい》、地球《ちきゅう》、火星《かせい》、木星《もくせい》、土星《どせい》が太陽《たいよう》のまわりをまわっているようすを外側《そとがわ》から見《み》たつもりになって描いたものです。

この絵《え》でみると、6つの惑星《わくせい》と太陽《たいよう》とはほとんど全《まった》く同一平面上《どういつへいめんじょう》にあることがわかります。しかも、この6つの惑星《わくせい》の回転《かいてん》している方向《ほうこう》もみな同《おな》じなのです。こうしてみると、「太陽系《たいようけい》の星《ほし》たちは雲《くも》のような物質《ぶっしつ》が渦巻《うずま》いてできたものだ」という考《かんが》えは、まったくデタラメな考《かんが》えとはいえないことがわかります。

神話《しんわ》から宇宙《うちゅう》の法則《ほうそく》を

ところでこの考《かんが》えは、佐藤信淵《さとうのぶひろ》が自分《じぶん》で考《かんが》えだしたものではありませんでした。じつは、もと長崎《ながさき》のオランダ語通訳《ごつうやく》で、ニュートンの力学《りきがく》をはじめて日本《にほん》に紹介《しょうかい》した志筑忠雄《しづきただお》(1760~1806)の考《かんが》えをとり入《い》れたものだったのです。同《おな》じような考《かんが》えはヨーロッパでも、カントとラプラスという二人《ふたり》の学者《がくしゃ》が出《だ》していましたが、志筑忠雄《しづきただお》は独力《どくりょく》でそれと同《おな》じ考《かんが》えに達《たっ》していたのです。

佐藤信淵《さとうのぶひろ》はその考《かんが》えをうけついだ上《うえ》に、その渦《うず》をおこしたのはタカミムスビの神《かみ》という神様《かみさま》だということにして、うまく日本《にほん》の神話《しんわ》と結《むす》びつけたというわけです。

ところで、佐藤信淵《さとうのぶひろ》は、「太陽系《たいようけい》の星《ほし》たちは渦《うず》から分《わ》かれてできてきたのだ」という考《かんが》えを、たんなる作《つく》り話《ばなし》だと考《かんが》えていたのではありません。かれは日本《にほん》の神話《しんわ》を手《て》がかりに、宇宙《うちゅう》のなりたちについてもっとも根本的《こんぽんてき》な法則《ほうそく》（原理《げんり》）をきわめようとしていたのです。そこでかれは、宇宙《うちゅう》についてのもっとも根本的《こんぽんてき》な法則《ほうそく》としてつぎの４つの原理《げんり》をあげました。

①回転《かいてん》の原理《げんり》――分《わ》かれて生《しょう》ずるものは、必《かなら》ずそのもとのもののまわりを回転《かいてん》する。
②運動《うんどう》の原理《げんり》――分《わ》かれて生《しょう》ずるものは、必《かなら》ずそのもとのものを中心《ちゅうしん》として、常《つね》に西《にし》より東《ひがし》へと運動《うんどう》する。
③速《はや》さの原理《げんり》――回転《かいてん》の速《はや》さは、もとのものに近《ちか》いほど速《はや》く、遠《とお》いものほど遅《おそ》い。
④形《かたち》の原理《げんり》――分《わ》かれて生《しょう》ずるものは、必《かなら》ずもとのものの形《かたち》と同《おな》じ形《かたち》になる。

さて、この4つの原理《げんり》は正《ただ》しいといえるでしょうか。第《だい》3の原理《げんり》は数量的《すうりょうてき》にもっとくわしい法則《ほうそく》（ケプラーの法則《ほうそく》）にすることができますから、正《ただ》しい法則《ほうそく》ということができます。

佐藤信淵《さとうのぶひろ》はこれらの原理《げんり》でもって太陽《たいよう》のでき方《かた》を説明《せつめい》しようとしただけではありませんでした。かれは文字通《もじどお》り、これを「宇宙《うちゅう》の原理《げんり》」だと考《かんが》えて、これで他《ほか》の自然現象《しぜんげんしょう》をも説明《せつめい》できると考《かんが》えました。

たとえば、月《つき》が地球《ちきゅう》から分《わ》かれたとすると、月《つき》が地球《ちきゅう》のまわりをまわっていることや、月《つき》の回転《かいてん》の向《む》き、月《つき》の形《かたち》が地球《ちきゅう》と同《おな》じことなど、みなうまく説明《せつめい》できます。そこでさらに、親《おや》から生《う》まれた動植物《どうしょくぶつ》の性質《せいしつ》などにもこの原理《げんり》をあてはめて考《かんが》えようとしました。そしてさらに、あとでふれるように、「磁石《じしゃく》はなぜ地球《ちきゅう》の南北《なんぼく》をさすか」という問題《もんだい》までこの原理《げんり》をもとにして説明《せつめい》したのでした。

北極《ほっきょく》から動《うご》かした日本《にほん》

さて、それではこの地球《ちきゅう》はどのようにしてできたのでしょうか。

今度《こんど》は、日本古来《にほんこらい》の神話《しんわ》で日本《にほん》の国《くに》を造《つく》ったというイザナギ、イザナミの男女《だんじょ》の神《かみ》の出番《でばん》です。佐藤信淵《さとうのぶひろ》によると、この夫婦《ふうふ》の神《かみ》は日本《にほん》の国《くに》を造《つく》っただけではありませんでした。

この二人《ふたり》の神《かみ》は、祖先《そせん》のタカミムスビの神《かみ》の例《れい》にならって、玉《たま》かざりのついたほこの先《さき》でもって、浮雲《うきぐも》のごとき船《ふね》にのって、まだ固《かた》まりきっていない地球《ちきゅう》をかきまわしました。そして海《うみ》の塩《しお》と、ほこの鉄分《てつぶん》とをもとにして、大地《だいち》をかたまらせて陸地《りくち》を造《つく》りだしたというのです。

また、二人《ふたり》は大地《だいち》がすでに固《かた》まったとき、最後《さいご》にそのほこを地中《ちちゅう》につきさし、これを地球《ちきゅう》の自転《じてん》の軸《じく》としました。そこで地球《ちきゅう》はこのほこを軸《じく》として西《にし》から東《ひがし》へちょうど24時間《じかん》に１回転《かいてん》するようになったというわけです。

ところで神話《しんわ》によると、二人《ふたり》の神《かみ》がほこをつきさしたところは日本《にほん》のオノゴロ島《じま》ということになっています。ということは、そのころ地球《ちきゅう》はこのオノゴロ島《じま》を一《ひと》つの極《きょく》として自転《じてん》していたことになります。つまりこの島《しま》は北極《ほっきょく》にあったというわけです。はじめ二人《ふたり》の神《かみ》は、この島《しま》にほこをつきさして住《す》むことになったのですが、鉄《てつ》でできたほこはその後《ご》だんだん地中《ちちゅう》に沈《しず》み、数《かぞ》えきれない年月《ねんげつ》がたったのち、そのあとには小山《こやま》がのこるだけになりました。

ところが、北極《ほっきょく》の地《ち》は人間《にんげん》にとって住《す》みよいところとはいえません。そこで二人《ふたり》の神《かみ》はあるとき日本《にほん》の国《くに》を気候温暖《きこうおんだん》の地《ち》に移《うつ》そうと考《かんが》えました。そこで、北緯《ほくい》30度《ど》から40度《ど》あたりのところをめざして国土《こくど》を引《ひ》っぱり動《うご》かしてきました。これが〈国引《くにひ》き〉というわけです。もちろん地中深《ちちゅうふか》くうずもれたほこは動《うご》きませんので、地球《ちきゅう》の自転軸《じてんじく》は前《まえ》とかわらず、日本《にほん》の国《くに》だけが温暖《おんだん》の地《ち》にひっこしてこられたということです。

この話《はなし》は、『古事記《こじき》』などにのっているふつうの物語《ものがたり》とはずいぶんちがっています。それは、主《しゅ》として「天《てん》のたまほこが地球《ちきゅう》の自転《じてん》の中心《ちゅうしん》になった」ということを主張《しゅちょう》するためにおこったことです。日本《にほん》の神話《しんわ》には「国《くに》を引《ひ》っぱって動《うご》かした」という話《はなし》もあるのですが、日本《にほん》の国《くに》を北極《ほっきょく》から動《うご》かしてきたというのは、かなり強引《ごういん》なこじつけにも思《おも》えるでしょう。

しかし、最近《さいきん》の地学《ちがく》の研究《けんきゅう》の成果《せいか》によると、大陸《たいりく》が長年《ながねん》の間《あいだ》に大《おお》きく移動《いどう》したことや地磁気《ちじき》の両極《りょうきょく》が全《まった》く逆転《ぎゃくてん》したこともあるということがたしかめられています。そういう新《あたら》しい科学《かがく》の話題《わだい》も考《かんが》えにいれると、この神話《しんわ》もあながち強引《ごういん》すぎるとはいえないのかもしれません。

ところで、磁石《じしゃく》です。磁石《じしゃく》はなぜ南北《なんぼく》の方向《ほうこう》をさすのかというと、佐藤信淵《さとうのぶひろ》はこう説明《せつめい》しているのです。イザナギ、イザナミの神々《かみがみ》が地中深《ちちゅうふか》くつきさしたほこは剣《けん》ですから、もちろん鉄《てつ》でできています。そして、じつは地球上《ちきゅうじょう》の各地《かくち》から掘《ほ》り出《だ》される鉄鉱石《てっこうせき》はもともとこのほこの精《せい》が分《わ》かれてできたものだというのです。「その証拠《しょうこ》に、地球《ちきゅう》の中心《ちゅうしん》には鉄分《てつぶん》が多《おお》いというではないか」といっています。

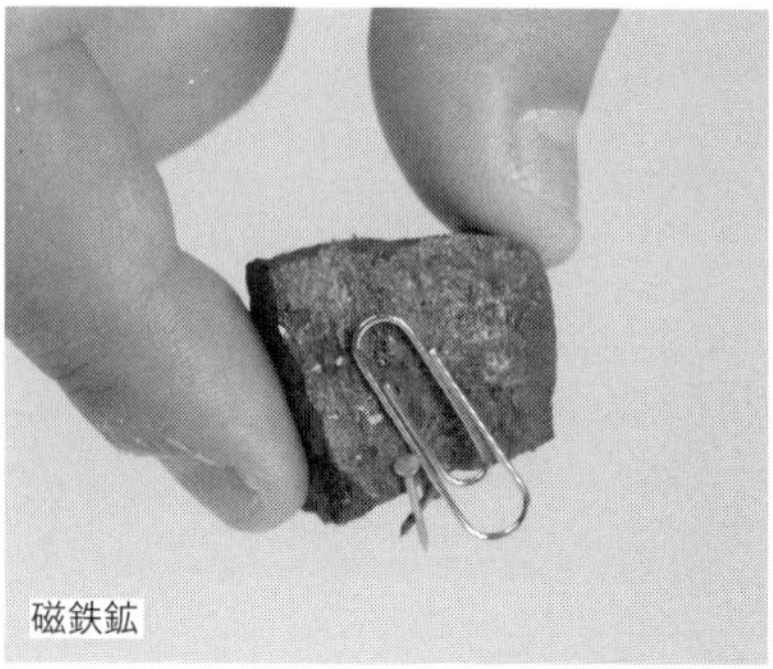
磁鉄鉱

磁石《じしゃく》というのはもともと鉄鉱石《てっこうせき》の一種《いっしゅ》です。磁石《じしゃく》や鉄《てつ》が二人《ふたり》の神《かみ》のつきさしたほこの精《せい》の分《わ》かれたものであるとすれば、その磁石《じしゃく》や、鉄《てつ》を磁石《じしゃく》でこすったものが、もとの玉《たま》かざりのついたほこにしたがって同《おな》じ方向《ほうこう》を向《む》くようになるのは当然《とうぜん》だろう――と、こういうわけなのです。

ところで、同《おな》じ鉄《てつ》で作《つく》った刃物《はもの》でも、日本《にほん》のはがねで作《つく》る刀《かたな》（日本刀《にほんとう》）が外国《がいこく》の刀《かたな》とくらべてすぐれていることは、江戸時代《えどじだい》からよく知《し》られていたことだったようです。そこで国学者《こくがくしゃ》の平田《ひらた》篤胤《あつたね》は、これこそ日本《にほん》が神国《しんこく》である証拠《しょうこ》だと考《かんが》えました。地球《ちきゅう》上《じょう》でとれる鉄鉱石《てっこうせき》というものは、すべて日本《にほん》の神《かみ》イザナギ、イザナミが地球《ちきゅう》につきさしたほこの精《せい》のわかれたものだから、その神々《かみがみ》の国《くに》日本《にほん》でとくによい鉄《てつ》がとれるのだというわけです。

科学《かがく》と神話《しんわ》の共通《きょうつう》の場《ば》

ところで、佐藤信淵《さとうのぶひろ》や平田篤胤《ひらたあつたね》の書《か》き換《か》えた日本神話《にほんしんわ》や「宇宙《うちゅう》の原理《げんり》」は、決《けっ》して一人《ひとり》や二人《ふたり》だけが夢想《むそう》した物語《ものがたり》、原理《げんり》ではありませんでした。この二人《ふたり》は江戸《えど》時代《じだい》の末《すえ》から明治《めいじ》のはじめにかけて大《おお》きな影響力《えいきょうりょく》をもった有名《ゆうめい》な学者《がくしゃ》だったからです。

いっぽう、そのころの日本《にほん》には地動説《ちどうせつ》にはげしく反対《はんたい》する仏教《ぶっきょう》の坊《ぼう》

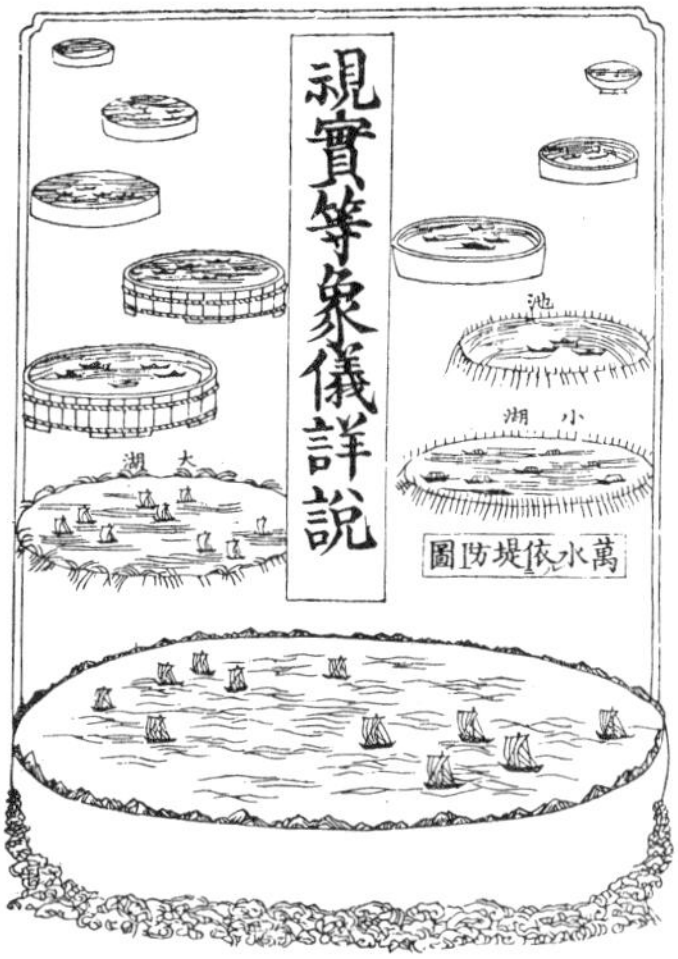

佐田介石『視実等象儀詳説』(1880, 明治13年)の扉絵。「大地は球体だ」という西洋人の説を否定し, 当時の日本の常識に沿って「大洋は桶に水を入れたようなもので, 水がこぼれないように周囲を山に囲まれている」ということを図解している。

さんなどもいました。その一人《ひとり》、佐田介石《さだかいせき》（1818〜1882）は、地動説《ちどうせつ》を支持《しじ》する人《ひと》はすべて佐藤信淵《さとうのぶひろ》の4つの原理《げんり》を信《しん》じているものと勘《かん》ちがいして、明治時代《めいじじだい》になって外国《がいこく》からやって来《き》た天文学者《てんもんがくしゃ》に向《む》かって、「土《つち》をとって空中《くうちゅう》にほうりなげたら、地球《ちきゅう》の一部《いちぶ》を分《わ》かれさせたことになるのに、その土《つち》が地球《ちきゅう》のまわりを回転《かいてん》することもないし、地球《ちきゅう》と同《おな》じ形《かたち》になることもないではないか」などといって、地動説《ちどうせつ》はまちがっていると主張《しゅちょう》しつづけるありさまでした。

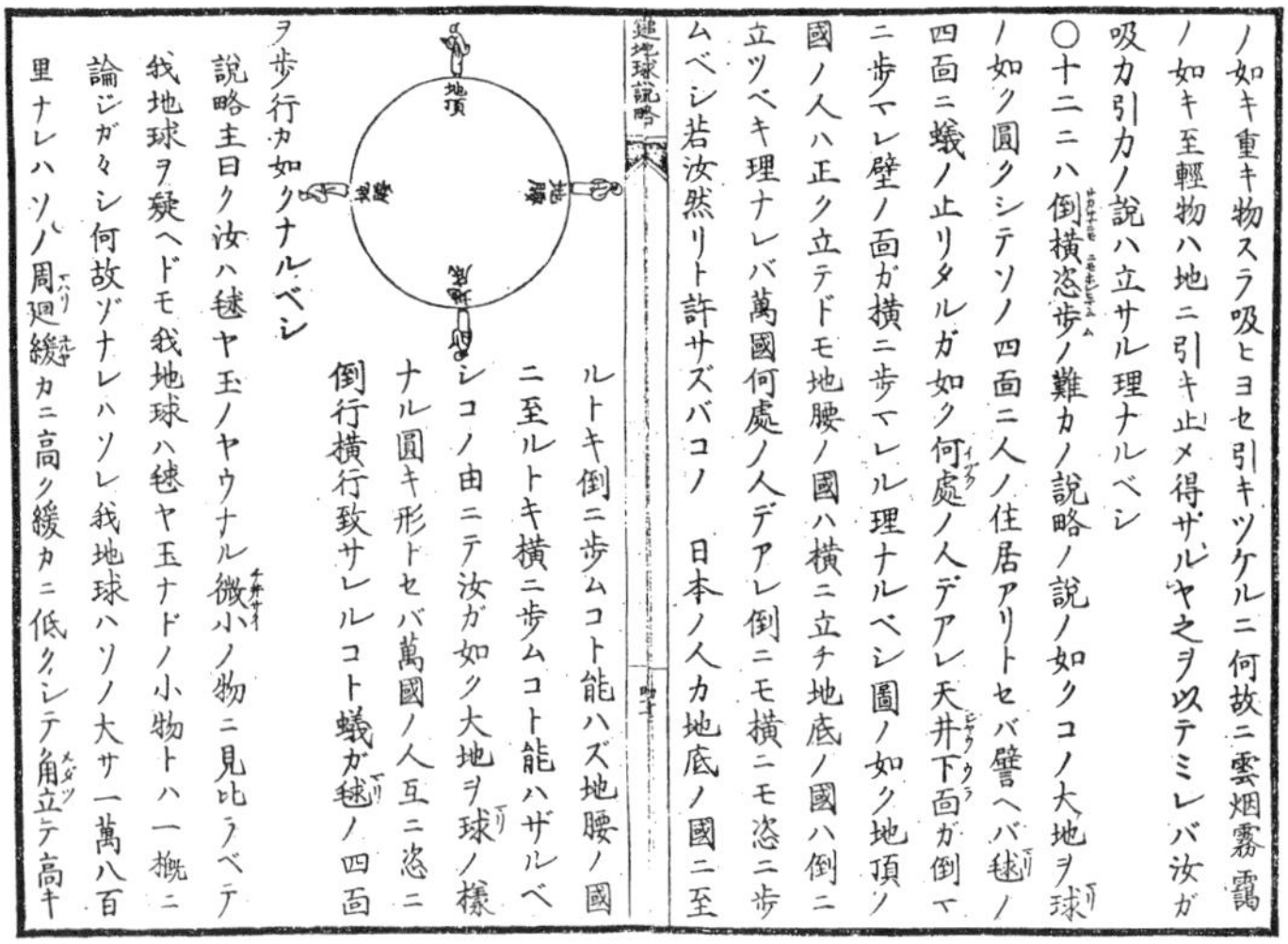
ノ如キ重キ物スラ吸ヒヨセ引キツケルニ何故ニ雲烟霧靄ノ如キ至輕物ハ地ニ引キ止メ得ザルヤ之ヲ以テミレバ汝ガ吸力引力ノ説ハ立サル理ナルベシ
○十二ニハ倒横恣歩ノ難カノ説略ノ説ノ如クコノ大地ヲ球《マリ》ノ如ク圓クシテソノ四面ニ人ノ住居アリトセバ譬ヘバ毬《マリ》ノ四面ニ蟻ノ止リタルガ如ク何處《イヅク》ノ人デアレ天井下面ガ倒マニ歩マレ壁ノ面ガ横ニ歩マレル理ナルベシ圖ノ如ク地頂ノ國ノ人ハ正ク立テドモ地腰ノ國ハ横ニ立チ地底ノ國ハ倒ニ立ツベキ理ナレバ萬國何處ノ人デアレ倒ニモ横ニモ恣ニ歩ムベシ若汝然リト許サズバコノ　日本ノ人カ地底ノ國ニ至ルトキ倒ニ歩ムコト能ハズ地腰ノ國ニ至ルトキ横ニ歩ムコト能ハザルベシコノ由ニテ汝ガ如ク大地ヲ球《マリ》ノ様ナル圓キ形トセバ萬國ノ人互ニ恣ニ倒行横行致サレルコト蟻ガ毬《マリ》ノ四面ヲ歩行カ如クナルベシ
説略主曰ク汝ハ毬ヤ玉ノヤウナル微小ノ物ニ見比ラベテ我地球ヲ疑ヘドモ我地球ハ毬ヤ玉ナドノ小物トハ一概ニ論ジガタシ何故ゾナレハソレ我地球ハソノ大サ一萬八百里ナレハソノ周廻《マハリ》緩カニ高ク緩カニ低クシテ角立《メダツ》テ高キ
鎚地球説略

佐田介石『鎚地球説略』1862（文久２）年は，「大地が球体なら，足底にあたる国では逆さになって歩行することになるが，日本人がその国に行ったとき，そんな器用なまねはできないはずだ」として，球体説をウソだと断じた。

今回《こんかい》の話《はなし》、これまでとはちょっとちがったものになりました。ここで私《わたし》は、日本古来《にほんこらい》の神話《しんわ》や佐藤信淵《さとうのぶひろ》の天地開闢《てんちかいびゃく》ものがたりがいかにデタラメかということをいおうとしたのではありません。強《し》いていえば、「日本《にほん》でも科学《かがく》が思想《しそう》にかかわるものとして話題《わだい》にされたことがあったのだ」ということを知《し》っていただきたかったということでしょうか。

日本《にほん》では科学《かがく》というものはとかく小手先《こてさき》の技術《ぎじゅつ》として重宝《ちょうほう》がられるだけで、科学《かがく》が一《ひと》つの思想《しそう》として問題《もんだい》にされることはほとんどありませんでした。その点《てん》、佐藤信淵《さとうのぶひろ》たちの新《あたら》しい神話《しんわ》——宇宙開闢《うちゅうかいびゃく》ものがたりの創造《そうぞう》は例外的《れいがいてき》なこととして私《わたし》の興味《きょうみ》をひくのです。そしてこのような科学《かがく》と神話《しんわ》とに共通《きょうつう》の大胆《だいたん》な空想《くうそう》、仮説《かせつ》の広場《ひろば》を認《みと》めることが、科学《かがく》の理解《りかい》にとっても、神話《しんわ》の理解《りかい》にとっても大切《たいせつ》なことではないかと思《おも》えるのです。

最後《さいご》に、はじめに話題《わだい》にした「なぜ2月《がつ》11日《にち》が建国記念日《けんこくきねんび》なのか」という問《と》いに答《こた》えておきましょう。それは、このイザナギ、イザナミの二人《ふたり》の神《かみ》の子孫《しそん》であるヒコホホデミの神《かみ》（神武《じんむ》天皇《てんのう》）が日本全国《にほんぜんこく》を征服《せいふく》して、はじめて天皇《てんのう》の位《くらい》についたとされる日《ひ》が、いまの暦《こよみ》に換算《かんさん》すると2月《がつ》11日《にち》になるということからきています。ところが『日本書紀《にほんしょき》』という本《ほん》にでている即位《そくい》の日《ひ》は、紀元前《きげんぜん》６６０年《ねん》1月《がつ》1日《にち》と日付《ひづけ》がまったくデタラメなのです。

そんなデタラメな話《はなし》をするよりは、少《すこ》しは科学性《かがくせい》のある佐藤信淵《さとうのぶひろ》らの天地開闢《てんちかいびゃく》ものがたりでもして、空想《くうそう》のつばさをひろげ、事実《じじつ》とつきあわせてみるたのしみを育《そだ》ててやった方《かた》がよいと私《わたし》は思《おも》うのです。

「超能力《ちょうのうりょく》であたった」という話《はなし》
――追試《ついし》ができなければ科学《かがく》にはならない――

スプーン曲《ま》げ事件《じけん》から一年《いちねん》、１９７６（昭和《しょうわ》五十一年《ねん》５月《がつ》のことです。こんどはＮＥＴテレビが「超能力《ちょうのうりょく》で行方不明《ゆくえふめい》の少女《しょうじょ》の死体《したい》が透視《とうし》されて発見《はっけん》された」と大騒《おおさわ》ぎを演《えん》じました。少女《しょうじょ》の死体発見《したいはっけん》というのですから、新聞《しんぶん》やテレビもそれをニュースとして流《なが》さないわけにはいきません。そこでこのニュースは一度《いちど》に有名《ゆうめい》になりました。

ＮＥＴといえば朝日新聞社系《あさひしんぶんしゃけい》のテレビ局《きょく》です。ユリ・ゲラー、スプーン曲《ま》げ事件《じけん》のとき、そのトリックをあばく主役《しゅやく》を演《えん》じたのは朝日新聞社《あさひしんぶんしゃ》の『週刊朝日《しゅうかんあさひ》』だったから話《はなし》は少《すこ》しややこしくなりました。その事件《じけん》がテ

レビや新聞紙上《しんぶんしじょう》をさわがせていたとき、私《わたし》はちょうど出張中《しゅっちょうちゅう》で、その新聞《しんぶん》も見《み》ていませんでしたが、研究所《けんきゅうじょ》に行《い》ってみると、またなにやら超能力《ちょうのうりょく》の話題《わだい》で人々《ひとびと》がさわいでいます。そのうちに『週刊朝日《しゅうかんあさひ》』の記者《きしゃ》の人《ひと》から電話《でんわ》がかかってきました。「これについてどう思《おも》うか、意見《いけん》を書《か》け」というのです。それで、その記者《きしゃ》のほか何人《なんにん》かの人《ひと》からくわしい事情《じじょう》をきき、新聞《しんぶん》にのった記事《きじ》を見《み》ました。それらによって事件《じけん》のあらましを説明《せつめい》するとこうなります。

NETテレビのバラエティ番組《ばんぐみ》「水曜《すいよう》スペシャル」では、視聴率《しちょうりつ》を高《たか》めるため、オランダの「透視術者《とうしじゅつしゃ》」クロワゼット（67歳《さい》）を招《まね》きました。この超能力者《ちょうのうりょくしゃ》は、とくに行方不明《ゆくえふめい》になった少女《しょうじょ》の行方《ゆくえ》を透視《とうし》する能力《のうりょく》があるというので、実際《じっさい》にためしてみようというのです。そのとき、当時行方不明《とうじゆくえふめい》になっていた美和《みわ》ちゃんは「自宅近《じたくちか》くの湖面《こめん》、黄色《きいろ》いものが突《つ》き出《で》た、ボート置《お》き場《ば》の近《ちか》くに死《し》んでいる」と「透視《とうし》」され、NET取材班《しゅざいはん》が現地《げんち》に行《い》って、5月5日午前《がついっかごぜん》5時《じ》半《はん》ごろ、美和《みわ》ちゃんの死体《したい》を発見《はっけん》したというのです（ただし、この話《はなし》、どこまでが本当《ほんとう》の事実《じじつ》なのか保証《ほしょう》の限《かぎ》りではありません。テレビ局側《きょくがわ》が警察《けいさつ》より先《さき》に美和《みわ》ちゃんの死体《したい》を発見《はっけん》したことはたしかですが、その前《まえ》に本当《ほんとう》に透視《とうし》による予言《よげん》があったのかどうか、その辺《へん》のことについては、騒《さわ》ぎを大《おお》きくしたいテレビ局側《きょくがわ》の証言《しょうげん》しかないのだから、信用《しんよう》しなくてもよいわけです）。

その日《ひ》の新聞《しんぶん》の朝刊《ちょうかん》のNETテレビの番組欄《ばんぐみらん》には、午後《ごご》7時《じ》30分《ぷん》〜8時《じ》50分《ぷん》「水曜《すいよう》スペシャル——世界初独占実験生放送《せかいはつどくせんじっけんなまほうそう》!! 超能力者《ちょうのうりょくしゃ》クロワゼット 東京《とうきょう》オランダ1万《まん》キロ透視成功《とうしせいこう》の瞬間《しゅんかん》! 謎《なぞ》の難事件《なんじけん》死体発掘《したいはっくつ》」とあります。しかし、これは美和《みわ》ちゃんの死体発見《したいはっけん》のことではなく、別《べつ》の行方不明事件《ゆくえふめいじけん》のことです。大々的《だいたいてき》に「透視成功《とうしせいこう》」と報《ほう》じていますが、じっさいにはこれは全《まった》くの不成功《ふせいこう》に終《お》わっているのです。そのほか、生放送《なまほうそう》でとりあげた透視《とうし》はすべてへりくつとこじつけの連続《れんぞく》で、全《まった》くの失敗《しっぱい》でした。その失敗《しっぱい》をおぎなうかのように、生放送《なまほうそう》でない（したがって前後関係《ぜんごかんけい》については全《まった》く保証《ほしょう》の限《かぎ》りではない）死体発見《したいはっけん》のニュースが大々的《だいたいてき》に報《ほう》ぜられたというわけです（この事件《じけん》でテレビ局側《きょくがわ》は警察《けいさつ》の捜査活動《そうさかつどう》を妨害《ぼうがい》していることもあって、「この事件《じけん》はテレビ局側《きょくがわ》または超能力者側《ちょうのうりょくしゃがわ》の犯罪事件《はんざいじけん》ではないか」と疑《うたが》う人々《ひとびと》もいます）。

次《つぎ》の文章《ぶんしょう》は、この事件《じけん》のとき『週刊朝日《しゅうかんあさひ》』（1967年《ねん》5月《がつ》21日号《にちごう》）の求《もと》めに応《おう》じて書《か》かれたものです。もっとも、誌面《しめん》にのった文章《ぶんしょう》は、誌面《しめん》の都合《つごう》とかでところどころカットされたので、ここにのせる文章《ぶんしょう》のほうが少《すこ》し分量《ぶんりょう》が多《おお》くなっています。この文章《ぶんしょう》の中《なか》には、本文中《ほんぶんちゅう》にすでにとりあげた話《はなし》が重複《ちょうふく》して出《で》てくるところもありますが、それもそのままにしておきます。

「超能力《ちょうのうりょく》の透視《とうし》などが的中《てきちゅう》した」という話《はなし》は昔《むかし》からたくさんある。そのときはみんな、「すごい」「見事《みごと》だ」「神秘的《しんぴてき》だ」などといってさわぐ。しかし、そういうニュースもやがて忘《わす》れられていく。

科学《かがく》の歴史上《れきしじょう》でもそれと似《に》た話《はなし》がたくさんある。だれかが「大発見《だいはっけん》した」というニュースが鳴《な》りもののいりで宣伝《せんでん》される。ところが、あとがまるで続《つづ》かないという類《たぐい》の話《はなし》である。

たとえば、1908年《ねん》9月《がつ》18日《にち》には、ロンドン大学留学中《だいがくりゅうがくちゅう》の小川正孝《おがわまさたか》が原子番号《げんしばんごう》43番《ばん》の元《げん》素《そ》を「発見《はっけん》」し、それをニッポニウム（Np）と名《な》づけたが、追試《ついし》に成功《せいこう》しなかった（113番元素《ばんげんそ》「ニホニウム」（Nh）とは別《べつ》）。また、1924年《ねん》9月《がつ》20日《にち》の各新聞《かくしんぶん》は当時日本物理学界《とうじにほんぶつりがっかい》の最高権威《さいこうけんい》だった長岡半太郎《ながおかはんたろう》が「水銀《すいぎん》を金《きん》に変換《へんかん》することに成功《せいこう》した」と大々的《だいだいてき》に報《ほう》じた。しかし、これもあとが続《つづ》かなかった。長岡《ながおか》はその正《ただ》しさを主張《しゅちょう》するために10年以上《ねんいじょう》もその研究《けんきゅう》をつづけたが、ついに人々《ひとびと》を納得《なっとく》させることに成功《せいこう》しなかった。

科学《かがく》の世界《せかい》では、あとが続《つづ》かないと、その報告者《ほうこくしゃ》がいくら学会《がっかい》の権威《けんい》でも、その発見《はっけん》の真実《しんじつ》性《せい》が否定《ひてい》されるようになっている。「あのときはたしかにうまくいったんだ」と強弁《きょうべん》してもダメである。人々《ひとびと》の十分納得《じゅうぶんなっとく》のいくような形《かたち》で繰《く》り返《かえ》し証明《しょうめい》されなければ、それは本当《ほんとう》のこととされないのだ。

科学《かがく》の大発見《だいはっけん》の中《なか》には超能力《ちょうのうりょく》めいたものもある。電波《でんぱ》やX線《エックスせん》の発見《はっけん》などはその代表的《だいひょうてき》な例《れい》といえるだろう。そんな大発見《だいはっけん》は話《はなし》をきいただけではなかなか信《しん》じられるものではない。当時《とうじ》の人《ひと》たちが「人間《にんげん》のからだがすけて骨《ほね》だけ見《み》えるって！　そんなばかなことがあるものか」と思《おも》ったとしても当然《とうぜん》のことである。

ところが、X線《エックスせん》の実験《じっけん》は発見者《はっけんしゃ》レントゲンの指示《しじ》通《どお》りやると、だれでも再現《さいげん》できることがわかった。そこで、これはあやしげな超能力《ちょうのうりょく》の発見《はっけん》とはちがうものであることが承認《しょうにん》され、いまでは常識《じょうしき》となっている。

X線《エックスせん》の発見《はっけん》以後《いご》、科学界《かがくかい》では、じつにたくさんの大発見《だいはっけん》が報《ほう》じられた。日本《にほん》でも、のちに京大教授《きょうだいきょうじゅ》になった村岡範為馳《むらおかはんいち》が「渣蛍線《さけいせん》」の発見《はっけん》を報《ほう》じた。蛍《はたる》の出《だ》す光《ひかり》をボール紙《がみ》で渣《こ》すとX線類似《せんるいじ》の放射線《ほうしゃせん》が出《で》るというのである。しかし、その渣蛍線《さけいせん》の発見《はっけん》を含《ふく》めて、大部分《だいぶぶん》の大発見《だいはっけん》はあとがつづかず、まちがいとされた。そこでレントゲンは、「大発見《だいはっけん》」のニュースをきくたびに機嫌《きげん》を悪《わる》くするようになったという。

なぜ、客観性《きゃっかんせい》を誇《ほこ》りとする科学者《かがくしゃ》までが、そういうたくさんのまちがった大発見《だいはっけん》を報《ほう》ずるのか。それは、たいていの場合《ばあい》、功《こう》をあせりすぎるからである。X線発見直後《エックスせんはっけんちょくご》の「大発見《だいはっけん》」のラッシュがそうである。長岡《ながおか》の水銀還金成功《すいぎんかんきんせいこう》の発表《はっぴょう》も、ドイツでの水銀還金実験《すいぎんかんきんじっけん》の成功《せいこう》の電報《でんぽう》をうけてあせって行《おこ》なわれたものである。

昨年《さくねん》の超能力事件《ちょうのうりょくじけん》で一部《いちぶ》の電気通信学者《でんきつうしんがくしゃ》がスプーン曲《ま》げ超能力《ちょうのうりょく》の真実性《しんじつせい》を支持《しじ》したのも、「外国《がいこく》でそういう研究《けんきゅう》が進《すす》んでいる」という情報《じょうほう》にあせった結果《けっか》と見《み》ることもできるだろう。科学者《かがくしゃ》たちも大発見《だいはっけん》の功《こう》をあせりすぎると超能力者同様《ちょうのうりょくしゃどうよう》になるのである。

19世紀《せいき》の末《まつ》、フランスのノーベル賞化学者《しょうかがくしゃ》モアサンは人工《じんこう》ダイヤモンドの製造《せいぞう》に成功《せいこう》したと発表《はっぴょう》したが、これはご本人《ほんにん》の没後《ぼつご》、そのまちがいのからくりがはっきりした。未亡人《みぼうじん》の発表《はっぴょう》によると、「助手《じょしゅ》がその仕事《しごと》にうんざりし、先生《せんせい》を喜《よろこ》ばせてやろうと思《おも》って実験材料《じっけんざいりょう》の中《なか》にこっそりダイヤモンドの粉《こな》をまぜておいた」ことがわかったというのである。科学《かがく》の世界《せかい》でも、超《ちょう》能力《のうりょく》の世界《せかい》と同《おな》じようなインチキの行《おこ》なわれることもあるわけだ。

しかし、だからといって科学《かがく》は全体《ぜんたい》としてはごまかされることがない。それは科学《かがく》には、「追試《ついし》ができなければダメ」という大原則《だいげんそく》があるからだ。

ところが「超能力《ちょうのうりょく》の実験《じっけん》（予言《よげん》）成功《せいこう》」などという話《はなし》になると、はじめからまるでそそっかしいから、その真実性《しんじつせい》をまじめに論《ろん》じるなんて気《き》にもなれない。

今度《こんど》の美和《みわ》ちゃんの所在透視事件《しょざいとうしじけん》にしてもそうだ。昔《むかし》から「失《う》せもの占《うらな》い」というものがいろいろあって、それが見事《みごと》「当《あ》たった」と思《おも》われたことが少《すく》なくない。それは、一《ひと》つには偶然《ぐうぜん》にもよるが、一《ひと》つには「当《あ》たった」と思《おも》わせるやり方《かた》がうまいからであり、もう一《ひと》つには下《した》工作《こうさく》があるからである。

私《わたし》はよく家《いえ》のそこらじゅうに眼鏡《めがね》を置《お》き忘《わす》れる。たいていの場合《ばあい》はすぐ見《み》つかるので問題《もんだい》にならないが、いそいでいるときすぐ見《み》つからないと大変《たいへん》である。家中《いえじゅう》のものが「あそこだろう」といいだす。こんな場合《ばあい》、「置《お》き忘《わす》れた本人《ほんにん》が一番《いちばん》よくさがしだせるはずだ」と思《おも》いがちだが、そうとも限《かぎ》らない。「どこそこではないか」といわれて、「あそこには行《い》かなかったから」などといっていると、そこからでてきたりする。はじめの捜索《そうさく》では情報通《じょうほうつう》が有利《ゆうり》だが、少《すこ》し迷宮入《めいきゅうい》りをしたあとでは、何《なに》も知《し》らない人《ひと》の方《ほう》がかえって当《あ》たることがあるわけだ。私《わたし》の家《いえ》の構造《こうぞう》をまるで知《し》らない人《ひと》が当《あ》てることだってある。

そんなとき、眼鏡《めがね》の所在《しょざい》をあててくれた人《ひと》が冗談《じょうだん》に「超能力《ちょうのうりょく》でお見通《みとお》しだ」といってもおかしくないが、真面目《まじめ》にそんなことをいったらおかしなことだ。その人《ひと》はいつも私《わたし》の眼鏡《めがね》の所在《しょざい》を的確《てきかく》に教《おし》えてくれるわけではないからだ。そういう冗談《じょうだん》がいえるのは、うまくそれが当《あ》たったそのときに限《かぎ》るのである。偶然性《ぐうぜんせい》が少《すく》なからず問題《もんだい》になるとき、たまたま当《あ》たったその結果《けっか》をもとにして、「だれそれの透視《とうし》はすごい」などと真面目《まじめ》に論《ろん》じるのはどうかしている。

美和《みわ》ちゃん事件《じけん》の場合《ばあい》、家人《かじん》は「ダムには絶対《ぜったい》に行《い》かない」といっていたという。そうであれば、その情報《じょうほう》を知《し》っている警察《けいさつ》より、それを知《し》らない第《だい》3者《しゃ》の方《ほう》が当《あ》てものに有利《ゆうり》であったわけである。テレビ局《きょく》の人《ひと》が偶然《ぐうぜん》に見《み》つける確率《かくりつ》だって少《すく》なくない。

その上《うえ》、すでに商売化《しょうばいか》している超能力《ちょうのうりょく》ショーのこと、どこにどんなトリック、インチキがかくされているかわかったものではない。これで〇〇テレビの視聴率《しちょうりつ》が高《たか》まり週刊誌《しゅうかんし》が売《う》れれば、ある人々《ひとびと》は満足《まんぞく》するのかも知《し》れないが、こんなあやしげなことが、遊《あそ》び以上《いじょう》のものとして語《かた》られるのは、困《こま》ったことだ。学校較差《がっこうかくさ》をあおったり、超能力《ちょうのうりょく》で人々《ひとびと》をあざむくなど、ジャーナリストの自粛《じしゅく》をのぞみたい。

〈付記《ふき》〉クロワゼットの「予言適中《よげんてきちゅう》」報道《ほうどう》でたしかなことはただ一《ひと》つ、テレビ局《きょく》が警察《けいさつ》よりも先《さき》に死体《したい》を発見《はっけん》したことだけである。それが本当《ほんとう》にクロワゼット氏《し》の予言《よげん》にもとづいたものかどうかもたしかではない。ただクロワゼット氏来日《しらいにち》の放映《ほうえい》の準備《じゅんび》として、行方不明事件《ゆくえふめいじけん》の特《とく》ダネさがしをしていたテレビ局《きょく》の人々《ひとびと》が運《うん》よくその特《とく》ダネに恵《めぐ》まれたというだけのことである（もう一《ひと》つの行方不明事件《ゆくえふめいじけん》では完全《かんぜん》に失敗《しっぱい》）。いくつかの特《とく》ダネ作《づく》りをすれば、当《あ》たる確率《かくりつ》は決《けっ》して小《ちい》さくない。

テレビの画面《がめん》は、そのあとこれをどのように超能力《ちょうのうちょく》の神秘《しんぴ》さを強調《きょうちょう》するために利用《りよう》するかにあった。たとえば、一度《いちど》浮《う》き上《あ》がっているのを発見《はっけん》した死体《したい》をもう一度《いちど》無理《むり》やり沈《しず》めて、それが再浮上《さいふじょう》するところをフィルムに収《おさ》める——そうすると、みごと予言通《よげんどお》りということになって、まことに神秘的《しんぴてき》に見《み》えるようになるだろう。そういうことをしたかどうか私《わたし》は知《し》らないが、テレビ局《きょく》ならそんなこともするものである。そういう場面《ばめん》をみて、「本当《ほんとう》だ」「うたがいない」などと感心《かんしん》してもだめである。

旧版　あとがき

この本《ほん》は、朝日新聞社《あさひしんぶんしゃ》の教育雑誌《きょういくざっし》『のびのび』に連載《れんさい》された「いたずら博士《はかせ》の科学教室《かがくきょうしつ》」（1974年《ねん》3月創刊号《がっそうかんごう》～第《だい》13号《ごう》）と「いたずら博士《はかせ》の談話室《だんわしつ》」（第《だい》14号《ごう》～第《だい》29号《ごう》）に発表《はっぴょう》した文章《ぶんしょう》をもとに再構成《さいこうせい》したものです。その連載記事《れんさいきじ》をとりあえず3冊《さつ》に分《わ》けて刊行《かんこう》する計画《けいかく》で、「科学教室《かがくきょうしつ》」の方《ほう》にあった電気《でんき》に関《かん》する話《はなし》2回分《かいぶん》をあとにまわし、「談話室《だんわしつ》」の方《ほう》にあった「うそ」に関《かん》する話《はなし》3回分《かいぶん》をこちらにもってきました。ここに収録《しゅうろく》もれになったものも、半分《はんぶん》は仮説社《かせつしゃ》から『磁石《じしゃく》の魅力《みりょく》』と題《だい》して単行本《たんこうぼん》化《か》しておりますので、あわせて読《よ》んでいただければありがたいと思《おも》います。

『のびのび』連載当時《れんさいとうじ》は、担当者《たんとうしゃ》の山田淳夫《やまだあつお》さんと蜷川《にながわ》〔笠原《かさはら》〕泰子《やすこ》さんにいろいろお世話《せわ》になりました。また、原稿《げんこう》の清書《せいしょ》・整理《せいり》などについては、久保美絵《くぼみえ》さん、伊藤篤子《いとうあつこ》さんに御助力《ごじょりょく》をねがいました。本書《ほんしょ》をまとめるにあたっても、仮説社《かせつしゃ》の竹内三郎《たけうちさぶろう》さん、伊藤篤子《いとうあつこ》さん、蜷川泰子《にながわやすこ》さんのお世話《せわ》になっています。記《き》して感謝《かんしゃ》の言葉《ことば》を述《の》べたいと思《おも》います。

なお、筆者《ひっしゃ》は現在《げんざい》この本《ほん》に書《か》いたような考《かんが》えをもとにして、科学教育《かがくきょういく》（理科教育《りかきょういく》）の改革《かいかく》の仕事《しごと》をすすめています。とくに小中学校《しょうちゅうがっこう》の先生方《せんせいがた》で私《わたし》の考《かんが》えに興味《きょうみ》を感《かん》じられた方《かた》は、その方面《ほうめん》についての私《わたし》たちの著書《ちょしょ》も御検討《ごけんとう》くださればありがたいと思《おも》います。

この本《ほん》にでている問題《もんだい》・実験《じっけん》などをもとにして学校《がっこう》で授業《じゅぎょう》をしようとされる方《ほう》は、仮説実験授業《かせつじっけんじゅぎょう》の〈授業書《じゅぎょうしょ》〉というものを使《つか》うと便利《べんり》です。その方面《ほうめん》の著書《ちょしょ》としては、

・板倉聖宣《いたくらきよのぶ》『未来《みらい》の科学教育《かがくきょういく》』（仮説社《かせつしゃ》）
・板倉聖宣《いたくらきよのぶ》『仮説実験授業《かせつじっけんじゅぎょう》――〈ばねと力《ちから》〉によるその具体化《ぐたいか》――』（仮説社《かせつしゃ》）
・板倉聖宣《いたくらきよのぶ》『仮説実験授業《かせつじっけんじゅぎょう》のＡＢＣ』（仮説社《かせつしゃ》）

などのほか、

・仮説実験授業研究会編《かせつじっけんじゅぎょうけんきゅうかいへん》『仮説実験授業研究《かせつじっけんじゅぎょうけんきゅう》』（全《ぜん》12集《しゅう》）（仮説社《かせつしゃ》）があります。

また、この本《ほん》と同《おな》じようなねらいをもった本《ほん》として、筆者《ひっしゃ》にはすでに

・『科学新入門《かがくしんにゅうもん》――科学《かがく》の学《まな》び方《かた》・教《おし》え方《かた》――』（太郎次郎社《たろうじろうしゃ》）〈新版は2分冊で仮説社より刊〉
・『物理学入門《ぶつりがくにゅうもん》――科学教育《かがくきょういく》の現代化《げんだいか》――』（江沢《えざわ》 洋《ひろし》氏《し》と共著《きょうちょ》）（国土社《こくどしゃ》）
・『火曜日《かようび》には火《ひ》の用心《ようじん》――暦《こよみ》にのこる昔《むかし》の人《ひと》びとの知恵《ちえ》と迷信《めいしん》――』（国土社《こくどしゃ》）

などの著書《ちょしょ》があります。これらの本《ほん》も、何《なん》らかの参考《さんこう》になると思《おも》います。あわせてよんでみてください。

板倉聖宣《いたくらきよのぶ》
１９８１年５月

最後《さいご》に、本書《ほんしょ》に収録《しゅうろく》した各文章《かくぶんしょう》の初出題名《しょしゅつだいめい》と発表年月《はっぴょうねんげつ》を記《しる》しておきます。

①卵《たまご》を立《た》ててみませんか……『のびのび』（以下同《いかおな》じ）１９７４年《ねん》3月号《がつごう》「卵《たまご》はいつでも立《た》つ」

②砂糖水《さとうみず》でも卵《たまご》は浮《う》くか……１９７４年《ねん》4月号《がつごう》「砂糖水《さとうみず》でも卵《たまご》は浮《う》くか——1をきいて10を知《し》る!?」

③水《みず》の沸騰点《ふっとうてん》は97度《ど》?!……１９７４年《ねん》5月号《がつごう》「水《みず》は97度《ど》で沸騰《ふっとう》する!?——科学《かがく》と実験《じっけん》と誤差《ごさ》のはなし」

④タンポポのたねをまいてみませんか……１９７４年《ねん》6月号《がつごう》「タンポポのたねをまいてみませんか——人間《にんげん》の管理下《かんりか》にない自然《しぜん》の姿《すがた》を思《おも》いうかべながら」

⑤鉄《てつ》1キロとわた1キロとではどちらが重《おも》い?……１９７４年《ねん》7月号《がつごう》「わた1キロと鉄《てつ》1キロとはどちらが重《おも》い?——自分《じぶん》でやってみないと信《しん》じられない不思議《ふしぎ》な実験《じっけん》」

⑥月《つき》はお盆《ぼん》のようなものか、まりのようなものか……１９７４年《ねん》10月号《がつごう》「月《つき》はお盆《ぼん》のようなものかまりのようなものか——遠《とお》い地球《ちきゅう》から眺《なが》めて手玉《てだま》にとる」

⑦虫《むし》めがねで月《つき》の光《ひかり》を集《あつ》める……１９７４年《ねん》11月号《がつごう》「虫《むし》めがねで月《つき》の光《ひかり》を集《あつ》める——レンズで遊《あそ》びましょう」

⑧シロウトと専門家《せんもんか》のあいだ……１９７５年《ねん》3月号《がつごう》「シロウトと専門家《せんもんか》のあいだ——科学《かがく》を学《まな》ぶ楽《たの》

しさ、むずかしさ」

⑨スプーン曲《ま》げ事件《じけん》の反省《はんせい》……1974年《ねん》8月号《がつごう》「スプーン曲《ま》げ騒動《そうどう》ののこしたもの――マスコミ操作《そうさ》に踊《おど》らされないための科学《かがく》」の前半《ぜんはん》。

⑩意図的《いとてき》なインチキとは限《かぎ》らない……同右《どうみぎ》の後半《こうはん》。

⑪コックリさんはなぜ動《うご》く……1974年《ねん》9月号《がつごう》「コックリさんはなぜ動《うご》く?――危険《きけん》なこのごろの神秘主義《しんぴしゅぎ》ブーム」

⑫だまされない方法《ほうほう》はあるか……1976年《ねん》4月号《がつごう》「4月《がつ》1日《にち》は『うそ・デマ予防《よぼう》の日《ひ》』――いたずら博士《はかせ》の誕生日《たんじょうび》ではありません」

⑬うそから大発見《だいはっけん》も生《う》まれる……1976年《ねん》5月号《がつごう》「うそから大発見《だいはっけん》も生《う》まれる――『うその詩《し》』を書《か》かせてみませんか」

⑭宇宙《うちゅう》はタカミムスビの神《かみ》がつくった?!……1975年《ねん》2月号《がつごう》「宇宙《うちゅう》はタカミムスビの神《かみ》がつくった――幕末《ばくまつ》に『科学的《かがくてき》』に書《か》き換《か》えられた神話《しんわ》のはなし」

⑮「超能力《ちょうのうりょく》で当《あ》たった」という話《はなし》……『週刊朝日《しゅうかんあさひ》』1976年《ねん》5月《がつ》21日号《にちごう》「超能力《ちょうのうりょく》で当《あ》たったという話《はなし》」

■書評再録

本書は1977年5月に初版を発行しましたが、発行と同時にたくさんの新聞・雑誌で紹介されました。ここには1977年8月25日までに各紙誌に掲載された書評をご紹介します。なお、もとの書評には見出しのないものもありましたが、その場合は編集部で見出しを補い、〈　〉に入れて区別しました。

●〈生き方にまで結びつけて〉

（『新文化』5月9日号）

本書は、朝日新聞社の教育雑誌『のびのび』に掲載された「いたずら博士の科学教室」と「いたずら博士の談話室」に発表した文章を一冊に再構成したもの。著者・板倉聖宣は、まず〈科学的に考えるとはどういうことか〉という基本を読者に問う。事実を重んじること、ものごとを合理的に考え理屈にあわないことは信じないことなどをあげられ、著者はこれらが「言葉の上だけの議論」で空しいとしている。「砂糖水でも卵は浮くか」「水の沸騰点は97度?!」などの実験や、超能力の話などを、さし絵や写真をふんだんに使っており、対象としている子どもたちにとってユニークなものとなっている。科学とは、予想や仮説から自分の創造力をたよりに、正しいか否かを確かめること——ものの考え方や、生き方にまで結びつけて提起している。

●〈小・中学生の子をもつ親にも〉

（『日経産業新聞』6月4日号）

十円玉をつめたマッチ箱一つと、空のマッチ箱二つを重ねて指でもちあげる。次に十円玉をつめたマッチ箱一つだけを同じようにもちあげる。するとどうだろう。ためしてみればわかるが、一つだけの方がずっと重く感じる。この場合、自分で体験した事実だけを極端に重んずると、「全体よりも部分の方が重い」という理屈に合わない誤った判断を引き出してしまう。だが、逆に理屈ばかりに執着すると、理屈に反した感覚自体を否定するというゆきすぎた誤りを犯す。

科学的であることの厳しさ、おもしろさを示す一つの実験例だが、本書はこうして身近な材料をひろい集め「科学的に考えるとはどういうことか」を問い、ときほぐした、科学へのすぐれた入門(案内)書。

著者はあらかじめ実験の結果について予想を立てさせ、それを実験で検証してゆくという仮説実験授業の提唱者で、そうした立場から書かれた八つの話題を含む第1部と、一時マスコミをにぎわした超能力の問題、ウソの功罪などを扱った第2部とから構成されている。

理科(科学)教育にたずさわる教師だけでなく、小中学生の子をもつ親のすぐれた教材になる。

●〈科学の社会的意味合いを〉

(『朝日新聞』6月13日号「新刊抄」)

科学的ということほど誤解され、乱用されている言葉はない。特に日本人にとって、これくらい安易で〈魔術〉的な使われ方をされる言葉も少ないのではないか。これは朝日新聞の教育雑誌『のびのび』の連載をもとに再構成したもので、筆者は仮説実験授業というユニークなシステムの発案者。それだけにコロンブスの卵から超能力まで、卑近な例を取り上げて実証してゆく巧みさはさすがである。読者はその平明な文体から、科学を学ぶことの厳しさと楽しさ、それがもつ社会的な意味合いの重大さを知らず知らずのうちにみとることができるだろう。

(『朝日新聞』5月5日「新刊エッセンス」でも紹介。ただし、これは本書の抄約なので省略)

●科学史家の面目がよくあらわれ

中村禎里氏（立正大学・科学史）

（『日本読書新聞』６月20日号）

本書は、すぐれた科学史家であり科学教育の指導者である板倉氏の面目がよくあらわれた著書である。

第１部では、基本的な科学知識について「常識」に反する結果を実験的に示して見せる。または「常識」に反する事実がなんの説明もなく放置されている事例を指摘し、その事実を説明してみせる。前者の例として、重いものを入れたマッチ箱一コを指で持つより、それに空箱二コを重ねて持った方が軽く感じられるという実験結果があきらかにされる。後者の話題をひとつあげると、水の沸点が「アルコール温度計」で97度を示す結果が述べられる。水の沸点は100度であるのが常識だし、それに沸点78度のアルコールで100度近い温度がはかれるはずがない。

このような「常識」に反する発見は、自分がものわかりが悪いと思っている人にむいており、科学に弱いと自認している人たちでも学びようによっては、科学に強い人たちを追いかけるだけでなく、その人たちを教えるような知識を学ぶことができる、と板倉氏は説く。

第２部では、板倉氏は主として超能力の問題をとりあげ、そのからくりをあばき、科学はものごとを神秘的に独断的に考える人たちによってではなく、合理的に解き明かそうという人びとによってのみ進歩してきた、と述べている。そして、さいごに企業や政治のうそにまで説きおよぶ。

板倉氏は私の世代——昭和１ケタ——が生んだ個性のつよい思想家の一人である。科学者が思想家として社会的な影響を及ぼすばあい、科学者らしさを捨てることによって「成功」する例もあるが、板倉氏はいつまでも科学者らしい律儀さを失わない思想家である。また、やたらに外来語を使い外来思想をなぞって跳ね踊る人たちや、時流に半歩先んじる方向に自説をたえず改変し続ける人たち、ある種の党派を形成し党派的命題を祖述せずばやまぬ人たちによるジャーナリズム紙面の寡占がめだつが、板倉氏はこのような型の思想家ではない。氏のこの長所は本書によくあらわれている。ついでながら学問的傾向はちがうが板倉氏とおなじこの長所をもった人たちの学びあいが不足しているのは残念である。

本書のなかでもとくに強く私をひきつけたのは第1部であった。さきに紹介したマッチ箱の実験結果について板倉氏は「いまのところこれといった説明ができません」と語っている。教師にも説明がつかない事実の発見と、生徒の参加による説明の手さぐりは教育の奥義に迫りその深淵に目を開かせるものであろう。

注文ひとつ。「常識」に反する新発見はむしろ自称鈍才にむいているというのが板倉氏の説であった。私が教えている大学生の多くは自称鈍才である。しかも彼らは超能力現象を信じやすい。彼らは批判的能力が不足している。しかもなお、彼らのこの素直さを上記の新発見への道へとつなげてゆく道が欲しい。そのような道を板倉氏にたずねたかった。最後にもう一言。本書は文庫版または新書版、つまり廉価版として再刊されるべきであろう。

●科学を体験的に実感させる

吉村証子氏（科学読物研究会）

（『赤旗』6月22日号「こどもの本」）

月刊誌『のびのび』にのせた原稿を集めた大人むけの本ですが、中学生でも読めるし、若いときからこういう問題を考えながら育つといいと思います。

前半は、家庭や学級などでやれる楽しい実験が八つ。「卵（生卵）を立ててみませんか」「虫めがねで月の光を集める」「砂糖水でも卵は浮くか」という、あまり人がしない実験や、「水の沸騰点は97度?!」（誤差やアルコール温度計の液体は何かの問題）「鉄1キロとわた1キロとではどちらが重い？」（錯覚についての面白い実験がある）などです。

後半は、最近マスコミでさわいだ超能力や、歴史が古いコックリなどについて。「科学的とは？」と議論するのではなく、まず実験で体験的に実感させ考えるように工夫してあります。後半では、「科学を民衆の手にとりかえす必要がある」とき、大切なのは「科学的合理的に考えていく能力と、態度」であって、それと反対の「神秘的な超能力ブーム」は、危険だと訴えています。

（『灯台』7月号）

●〈楽しくてためになる〉

習慣というものは、恐ろしいものである。時には、その人を変人にしたり、最悪の場合には、自殺にまで追いやることもある。

物の見方・考え方の習慣もそうである。子供の頃から、長い間、片田舎で生活した人の中には、相当学識があっても、伝承的に言い伝えられている迷信に惑わされることがよくある。この本を読めば科学的なものの見方・考え方とは何か、を改めて見つめなおすよい機会となろう。

書名からは、科学を志す人や理科に興味のある人が読む本と想像する人が多いと思うが、決してそうではない。科学とか理科と聞いただけで、頭が痛くなったり、逃げ出したくなる人のために書かれた本である。

第1部では「予想をたのしみ、やってみる話」、第2部では「うそとほんと、ほんととうその話」で、楽しくて、ためになる話が満載されている。一人で寝そべって気軽に楽しんで読める本である。

●用意周到ないたずら博士のワナ

「星」氏
（『のびのび』8月号）

〈「科学的に考えるとはどういうことか」〉、こう人びとに尋ねたら、じつにいろいろな答えがかえってくると思います〉と、本書の冒頭に筆者は、こう問題提起している。実際、「科学的」という言葉は私たちの日常生活でしばしば口にされるが、その意味あいは人によってまちまちで実にあいまいきわまりないのだ。

では「科学的」とは本当のところどういう考え方や態度を指すのか。『のびのび』に2年間にわたって私たちの身近な素材を使い、軽妙な語り口で私たちをアレッと意外な発見に導いてくれた「いたずらはかせの談話室」の一部が一冊にまとめられた。

科学とはどっちみち私たちに縁遠いもの、しちむずかしく味も素っ気もないものと、私たちは決めてかかっている。だが、本書は私たちのこうした科学観をトリックにして、科学の楽しいワナや、私たちの予期せぬ実験結果を積み上げて、たちどころに読者を夢中にさせてしまう。さきを読みいそぎ、読みおえると、実はもう一つワナが用意されていて、いたずら博士の気まぐれないたずら、科学の手品と見えていた何気ない談話の積み重ねが実に的確、用意周到に「科学的」とは何であるかを一貫して私たちに語りかけていたことに気づくのである。

生卵は立つか、立たないか。食塩水に浮く生卵は砂糖水に浮くか、浮かないか……。「考えなおしてみればだれでも科学のもっとも基本的な知識、考え方だと認めるようなことなのに、科学に強い人でも必ずしも十分よく知っているとはいえない話題」を中心にして「主として科学についてまったく自信を失ってしまっていた人たちを念頭に」「身近な材料だけでできるような実験を優先的にとりあげて」、実験結果を読者が自由に予想し、実験によって予想＝仮説の正誤をふるいにかけるという話題設定で、本書は意外な科学の機会の発見、科学の親しみやすさ、楽しさを私たちに教えてくれるのだ。

こうして「科学的」な考え方とは実験によらねば何も判断できないという実験至上主義ではなく、実験すれば簡単に分かることでも意外に確かな知識を持っていないことに気づく考え方であるという、いたずら博士の科学観が私たちに伝わるのだ。

●身近な問題から本質へ

高柳正彦氏（千葉大付属小学校）

（『小五教育技術』8月号）

理科は実証の科目だという。しかし重さは秤りでしか正確に量れないというように、理屈ではわかるが実感として捉えさせにくい場面が授業ではしばしばある。こんな時どうするか、わが書棚から一冊とりあげれば、『科学的とはどういうことか』である。科学的云々と題した本は数多いが是非授業でやってみたいと思わせる内容は少ない。本書を参考にさっそく秤の必要性をわからせようと内容の一部を試みた。

「A．十円銅貨12枚を入れたマッチ箱1個と、B．空マッチ箱2個を重ねた上にAをのせた時どちらが重いか」――案の定、全体は部分より重いとの理由から大半がBのほうが重いと断定した。その後一人一人にABを持たせた。とたんに絶対にBが重いと確信していた者が次々とAが重いという考えに変わったのである（16人／40人中）。上皿天秤で量ると結果は無情にもBが重いと判明。だが子供たちのざわめきはまだ続く。ショックが大きかったとみえて授業の感想にも思っていた以上の反応が表れた。

「人間の感覚ってあてにできないなあ。間違いと思いながらも一つの意見を持ち続けることの楽しさを味わった。予想ははずれたが秤で量ることの大切さがわかった」等々。

著者も述べているように、錯覚は視覚の世界にだけあるのではないようだ。考えてみれば荷物は背中の上部のほうが、立っているより歩いているほうが楽で疲れない等、日常経験でも探せば重さの錯覚現象は数多くある。わずか45分の授業で、実感として秤の必要性を認めさせたことは大きな収穫といってよい。身近な問題をやさしく具体的に、そして本質に迫らせる内容を持つ本書は、科学に目ざめさせる〈何か〉を子供たちに、私に十分与えた。

●先入観念の盲点をつく

星野芳郎氏（帝京大学・技術論）
（『教育の森』9月号）

本書は2部に分かれている。第1部は、予想を楽しみ、やってみる話である。最初に、卵を立ててみませんかという文章がある。コロンブスのように卵を割るのではなく、そのまま立ててみようというのである。なまじコロンブスの卵というエピソードを知っていると、卵は立つはずはないという先入観がある。ところが、気を入れてあれこれ試みると、卵はちゃんと立つのである。

著者は、のみ込みの早く頭がよいと言われる人は、「できっこはない」と決めこんでしまって、卵は立つという発見はしにくいと言う。かえって、ものわかりが悪く、「自分で納得しないとどうも先へ進めない」という人が、先入観の盲点をついて新しい発見をするのだと書いている。

砂糖水でも卵は浮くかというつぎの章では、卵は浮かないと答える人が、大学生や先生でも半分ぐらいいると書いているが、これも考えさせられる。著者は、きちんと実験をして見せて、この通り浮かびますと書いているが、その文章の運びが実におもしろい。なぜ先生が間違えるのか、一から十を知ることは難しいのだという議論が実験と重なって展開されているので、これは実験入りの科学教育評論とも受けとれる。

水の沸騰点はなぜ100度にならず、97度くらいになるのかという話が、そのつぎにある。実は評者は、やかんの水は100度より高い温度で沸騰すると何となく思っていたのだが、温度計の上のかなりの部分が水の外に出ておりその周囲の空気は100度よりずっと低いと著者に指摘され、参ってしまった。それでは、温度計の目盛りは100度以下になってしまう道理である。著者はここで、実験してみることも大切だが、実験誤差について正しい観念を持たなければならない、と主張している。

それから、タンポポの話、マッチ箱に十円玉をつめて持ち上げた時の重さの錯覚、月の満ち欠けの形、月や電灯の光を虫眼鏡で集める話などが続くが、ページをくる間ももどかしく、あっという間に読んでしまった。このおもしろさは、確かな方法論と実験によって、それぞれの文章が裏づけられているからであろう。だから、読み終わった後に、一つ利口になったぞという満足感がある。

第2部は、「うそとほんと、ほんとうその話」で、ひところ評判になったスプーン曲げの嘘が、著者の科学方法論によって、てきぱきと語られている。そう言えば、卵を立てて見せて、これは念力のたまものと宣伝されれば、人は信じてしまうかもしれない。第1部の議論がよい下敷きになっていて著者の超能力批判は説得力がある。著者の議論の卓抜さは、仮説実験授業という独創的な科学教育を生みだした人でこそのもので、真似しようとしても真似られるものではない。科学啓蒙は片手間ではできないということがよくわかる。

著者紹介

板倉聖宣《いたくらきよのぶ》

1930年　東京下谷（現・台東区東上野）に生まれる。10人兄弟の７番目（四男）。家は医療器械製造業を営む。小学生のころ「小学生全集」の『算術の話』『児童物理化学物語』を読み感動。以後，子ども向きの科学読み物に愛着を持つ。
1951年　学生時代に自然弁証法研究会を組織。機関誌『科学と方法』を創刊。
1958年　物理学の歴史の研究によって理学博士となる。
1959年　国立教育研究所（現・国立教育政策研究所）に勤務。
1963年　仮説実験授業を提唱。科学教育に関する研究を多数発表。教育の改革に取り組む。また，『発明発見物語全集』『少年少女科学名著全集』（いずれも国土社）を執筆・編集し，科学読み物の研究を続ける。
1973年　教育雑誌『ひと』（太郎次郎社）を遠山啓らと創刊。
1983年　教育雑誌『たのしい授業』（仮説社）を創刊。編集代表。
1995年　国立教育研究所を定年退職（名誉所員）。私立板倉研究室を設立。同時にサイエンスシアター運動を提唱・実施。
2013～2016年　日本科学史学会会長。
2018年２月７日　逝去。

主な著書

『もしも原子がみえたなら』『空気と水のじっけん』『地球ってほんとにまあるいの？』『砂鉄とじしゃくのなぞ』『ジャガイモの花と実』『科学の本の読み方すすめ方』（名倉弘と共著）『サイエンスシアターシリーズ』（以上，仮説社）『ぼくらはガリレオ』『ぼくがあるくと月もあるく』（岩波書店）『火曜日には火の用心』（国土社）などの啓蒙的な本の他に，『仮説実験授業』『未来の科学教育』『科学と科学教育の源流』『科学者伝記小事典』『フランクリン』『原子とつきあう本』『原子論の歴史（上・下）』『増補 日本理科教育史』（以上，仮説社），『長岡半太郎』（朝日新聞社）ほか多数。

新版 科学的とはどういうことか いたずら博士の科学教室

2018年11月26日　初版発行（3000部）＊旧版は1977年に仮説社から刊行されました。

著者　板倉聖宣　
発行　株式会社 仮説社
170-0002 東京都豊島区巣鴨1-14-5第一松岡ビル３階
電話 03-6902-2121　FAX 03-6902-2125
www.kasetu.co.jp　mail@kasetu.co.jp
装画　TAKORASU
装丁　渡辺次郎
印刷・製本　平河工業社
用紙　鵬紙業（カバー：アヴィオン四六Y110kg／表紙：しらおいキクT125kg／見返し：サイタン四六Y100kg／本文：モンテルキア四六Y69kg）
Printed in Japan　ISBN 978-4-7735-0292-3 C0040